30歲起輕鬆練！

穿衣好看免修圖塑體操

BODY
MAKE

森拓郎 著．張佳雯 譯

先不用急著健身。

隨著年齡增長，體重雖然只增加一點點，
但是體型卻大崩壞——
這對許多女性來說都是一大噩夢。
好想回到以前輕盈窈窕的身體。
這時候，你需要的，不是立刻進行健身或跑步，
而是要回到原點，也就是「重啓身體」。

Prologue

靠塑體操就能讓你的身體重啓！

一提到「塑體操」，腦中浮現的是
可以拉筋到極限？還是提高柔軟度？
都不是，因爲這並非終極目標。
森式的美身塑體操，不但能鍛鍊到必要的部位，
還能讓肌肉僵硬的部位鬆弛整頓，達到「重啓」的作用，
讓你擁有最適合自己的美好身體曲線。
最終目標是「可以上傳IG」的胴體！

Mori Style Stretch

美身塑體操
成就的目標有：

- 自然而然變得健康
- 身體柔軟
- 穿什麼衣服都好看
- 養成理想的姿勢和身體曲線
- 改善凸腹、駝背
- 美化雙腿的線條

and more...

Contents

Contents

Chapter 03

掃描QRCode 一起動之動之！

跟著森大師一起做「美身塑體操」不論早中晚、在家裡或在外面，空檔時間、環境許可都可以動一動，春夏秋冬一年四季穿什麼都好看！

＊無須註冊，點開就能利用！
＊森大師親身示範7個部位×3種塑體操！
＊可對照目錄「Chapter 02」美身塑體操順序，點選你最在意的部位挑著做！

https://movie.sbcr.jp/bms/

Chapter

01

身體曲線變得更柔美！

森式塑體操的奧秘

...le Stretch

雖然也很在意體重數字，但是更想改善的是身體曲線。
明明就不胖，可是想穿的那件洋裝就是不合身，
好像肉全長錯了地方，體型大崩壞。
這身鬆垮垮的曲線，是你的姿勢經年累月造就的結果。
你不需要對這樣的自己感到沮喪。
因爲關節位置不正確所造成的體態變差，
只要從根本矯正，就一定能改變身體的線條。
我希望大家都能試試森式塑體操。
非常簡單，不會有「鍛鍊」的感受，
只要持之以恆，就一定能看到體態改變，
一有了效果，你自然會更有動力。
這是一套絕對讓人歎爲觀止的美身塑體操！

體重跟10年前差不多，爲什麼外表看起來差很大？

當初認爲是「歷久彌新、高質感的經典款」而買下的簡約針織衫、外套、長褲，長久以來都是穿搭好夥伴，但最近卻看起來不合身，甚至是穿起來顯胖……這種事情是不是發生在你身上？明明體重跟以前差不多，可是回過神來卻發現已經是歐巴桑體型，實在是讓人傷心不已。

爲什麼體重沒有增加，外表看起來卻迥然不同？那是因爲由於重力，造成脊椎被壓迫，長年不正確的行走姿勢和坐姿讓關節歪斜，使得支撐身體線條的骨骼產生變化。

脊椎被壓迫，腹部和腰部周圍就容易堆積脂肪。髖關節扭曲，就會因爲走路習慣而讓肌肉、脂肪的生長型態改變，大腿的前側和外側會凸出，或是內側容易鬆弛，即使體重沒有改變，外觀看起來也不一樣。

10年前的衣服不合身的理由

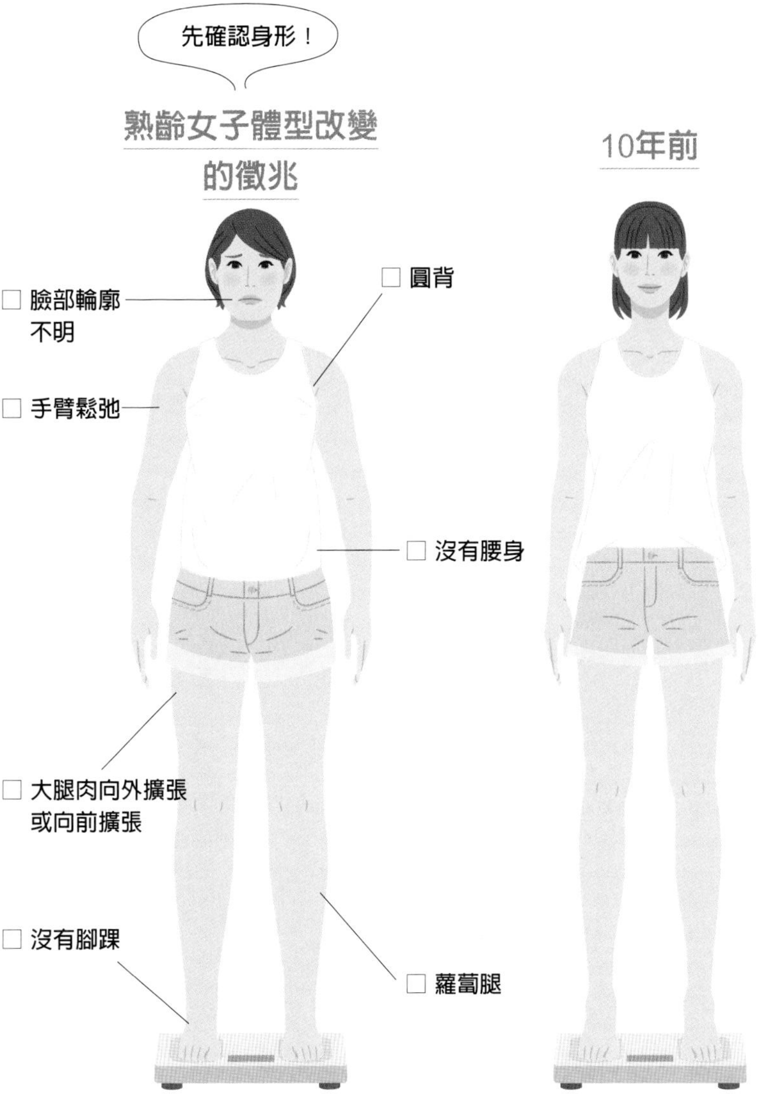
先確認身形！
熟齡女子體型改變的徵兆
10年前
□ 臉部輪廓不明
□ 圓背
□ 手臂鬆弛
□ 沒有腰身
□ 大腿肉向外擴張或向前擴張
□ 沒有腳踝
□ 蘿蔔腿

體重幾乎一樣！

跟10年前相比，爲什麼身體線條會差這麼多？

骨骼是決定身體線條，也是支撐人體對抗重力，如同建築棟樑般的角色。但是不良的姿勢會讓骨骼歪斜，使得肌肉得加倍出力。爲了支撐可能倒下去的骨骼，肌肉承受著過度的負擔。

像是駝背會讓身體向前傾，造成腹部的肌肉向內收縮，背部的肌肉於是往前拉扯，全力以赴地運作而造成僵硬。

另外，支撐著上半身、連接骨盆和大腿骨的髖關節，由於經年累月養成的習慣性站姿，造成極度內旋，使得大腿骨向外側凸出。如此一來身體的重量就容易落在大腿外側，而外側大腿的肌肉就得努力支撐。經常重複這種姿勢，就會變成O型腿或X型腿。

如此一來，骨骼產生歪斜，脂肪和肌肉就會堆積在不該長的部位，因而造成身體曲線崩壞。

就像這樣，髖關節歪斜的下半身……

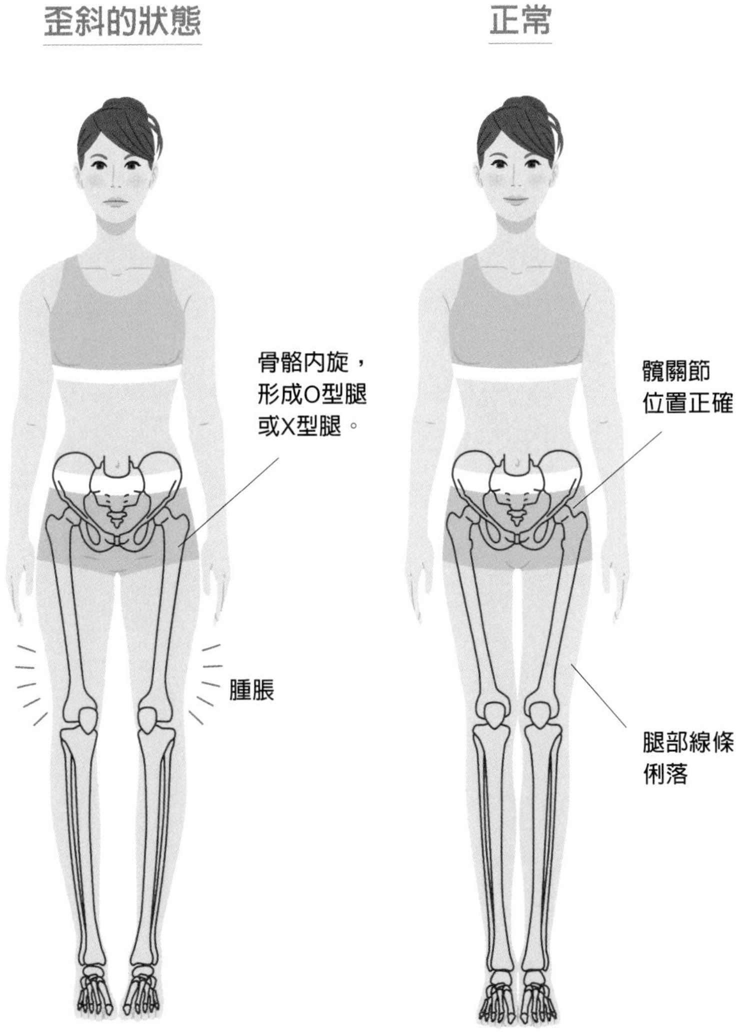

瘦身與雕塑身體不同！肉肉女常犯的錯誤？

想要瘦身和減肥的人，最常做的就是過度限制飲食，以及進行有氧運動或健身。因爲想要降低體重，就必須讓消耗的熱量大於攝取，刻意製造出卡路里赤字。

但是過度節食，在減重的同時也減掉了肌肉。基礎代謝熱量是視肌肉量而定，肌肉減少的話，基礎代謝率也會跟著下降，惡性循環下就會養成很難瘦下來的體質。

另一方面，很多人也會誤以爲「健身可以把脂肪變成肌肉」！脂肪和肌肉的組織不同，脂肪並不會變成肌肉，反之亦然。

然而，若是在姿勢不良的錯誤體態下進行訓練，肌肉就會長在肩膀、手臂、大腿這些你不想要的地方，而且肌肉是長在脂肪下面，所以胖的地方反而看起來更胖了！犯下這種錯誤的人還不少。

肉肉女的兩大陷阱

變得更胖、堆積更多脂肪

左側：

過度控制飲食
↓
體重減輕，
肌肉也跟著減少
↓
代謝變差
↓
變成容易復胖、容易囤積脂肪的體質

右側：

在關節位置
不正確的狀況下
進行健身
↓
大腿粗壯
肩膀寬厚
↓
肌肉長在脂肪下
↓
變成壯壯的肌肉肥體型

改變身體曲線（＝外觀）靠塑體操比較好的理由

想要改變身體曲線，最快的方式就是直接從根本下手，矯正歪斜的骨骼。最有效的方式不是控制飲食，也不是健身，而是眞正能夠伸展筋骨、達到美身效果的塑體操。

往往大家都認爲拉拉筋、鬆筋活骨的瘦身效果不彰，其實並非如此。被伸展的肌肉和另一側的肌肉，由於經常收縮、放鬆，不知不覺就達到鍛鍊的效果了。不只如此，能夠養成正確姿勢的塑體操，也是能導正骨骼回到正確位置的健身運動喔。

骨骼位置正確，能緩和身體歪斜，不再靠肌肉支撐身體，而是以骨骼來支撐，所以肌肉能在最省力且適切的狀況下運作。正確使用肌肉的話，那些被僵硬肌肉壓迫的血管、淋巴也能獲得紓解，讓體液的流動更爲順暢，不容易浮腫，身體的代謝也更好。

塑體操能夠建立身體曲線的基礎——骨骼位置正確、提升代謝，是雕塑身體曲線不可或缺的一環。

塑體操改變身體的過程

❶
將骨骼調整到正確的位置
⇩
可以正確使用身體

❷
停滯的血流變順暢
⇩
提升代謝率

❸
改善浮腫
⇩
看起來更纖細

❹
容易減掉脂肪
⇩
看起來更緊實

森式塑體操 1

相較於伸展的舒暢，更注重收縮鍛鍊

一聽到伸展操、塑體操，大家的印象多半是曲體前彎、手掌碰到地板，或是劈腿把胸部往地板靠之類，改善身體柔軟度的體操。但是，森式塑體操的最終目標，是要讓骨骼的位置正確，並且改變關節的使用方法。

舉例來說，駝背的姿勢（請參照下頁圖示）是腹肌內縮，肩膀前傾，這樣會拉扯背部的肌肉，變成圓背。在這種狀態下，光是將身體往上伸展，緊縮的腹部和僵硬的背部應該都會感到舒服。但是只靠這一招，馬上就會恢復到原本的姿勢。就跟按摩一樣，按摩後雖然感覺很舒服，要是生活作息仍維持老樣子，依舊會肩頸僵硬。

森式塑體操除了腹部拉伸之外，也能讓導引肩關節往後的背肌收縮，就不易再變回前傾的姿勢。換句話說，就是靠著讓背部的肌肉收縮，讓肩關節回到正確的位置，被壓縮的脊椎也就得以伸展。

伸展繃緊的肌肉

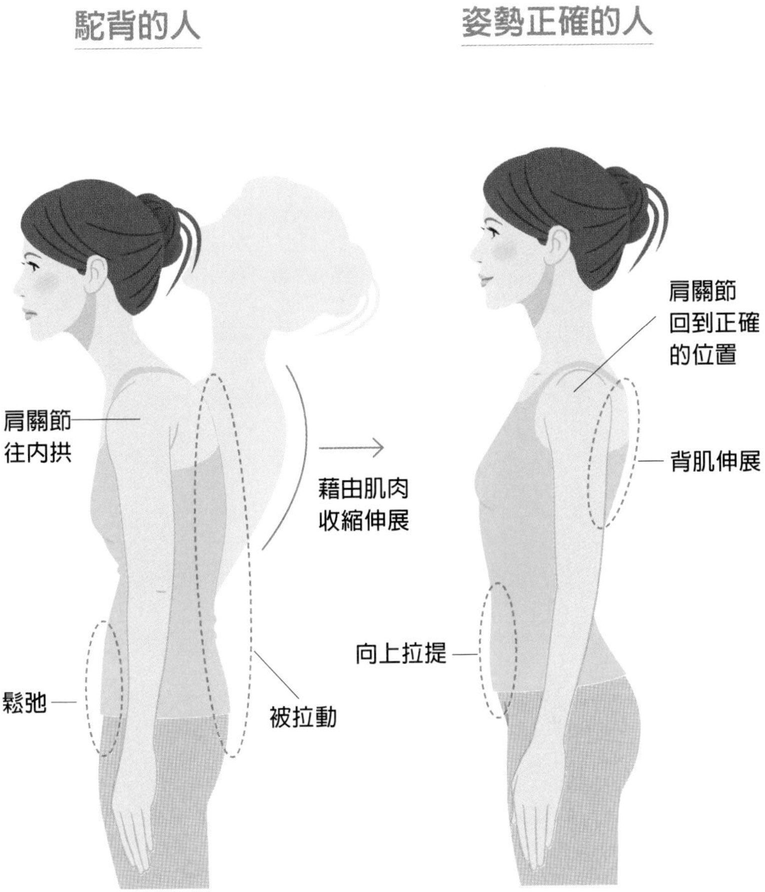
駝背的人
姿勢正確的人
肩關節
往內拱
鬆弛
被拉動
藉由肌肉
收縮伸展
肩關節
回到正確
的位置
背肌伸展
向上拉提

森式塑體操 2

正確的姿勢讓你不勉強也做得到

放鬆坐著的時候，骨盆會後傾，背部變成圓背的姿勢（請參考下頁圖示）。乍看之下好像很輕鬆，但實際上是有肌肉正在用力。這個姿勢會讓肩關節內旋，連帶的讓腰部、背部、頸後的肌肉呈現緊繃的狀態，長時間下來就會僵硬疼痛。

另一方面，腹部的肌肉坍塌內縮，也是坐辦公桌的人很容易出現的姿勢。但是長時間爲了維持這個姿勢，腦袋會叫肌肉多用點力，所以肌肉會變得僵硬，而爲了與之抗衡，上半身就會很難往後，想要做出正確姿勢就更加困難了。

要是藉由塑體操讓肩關節回到正確的位置，就能減少因爲向前拉扯而僵硬的背肌緊繃程度，撐起上半身的背肌能開始作用，肌肉不使力下也能輕鬆做出正確的姿勢。

無意識下也能維持正確的姿勢

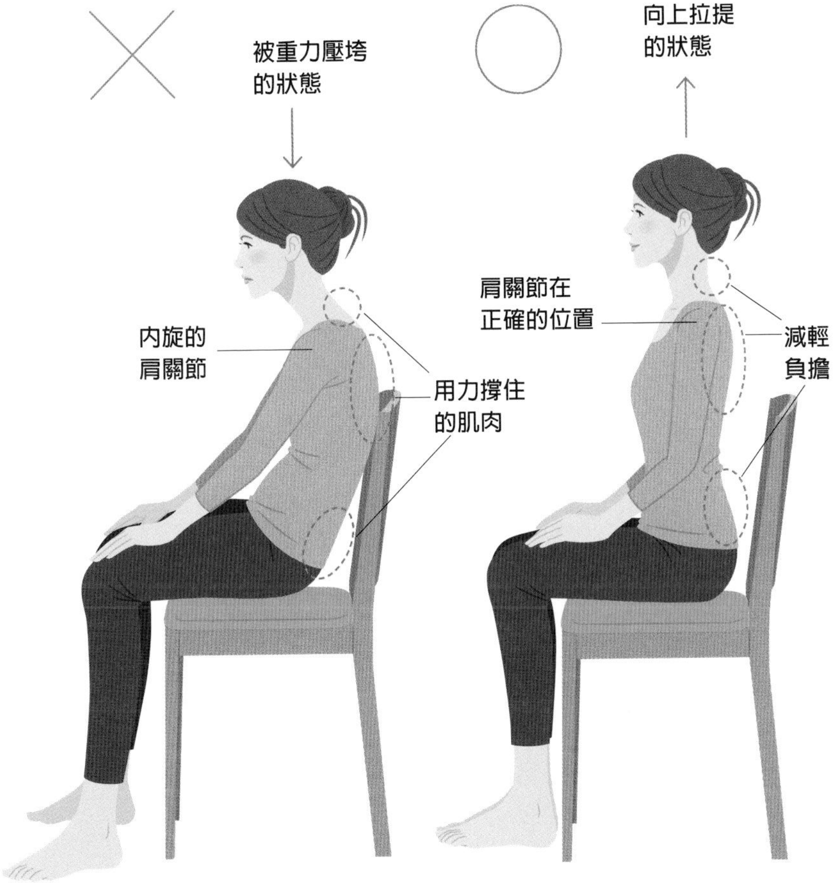

森式塑體操 3

肌肉和脂肪的生長方式改變了

關節的位置改變，身體的使用方式和姿勢也會變得不一樣，於是肌肉和脂肪生長的方式也會改變，外表也就跟著變了。

過去駝背的人，肩關節回到正確位置後，脊椎得以伸展，鬆垮的腹部看起來也會比較緊實。下半身也像這樣會隨之改變，如O型腿的人髖關節內旋，大腿骨向外凸出，身體重心容易落在外側。爲此外側大腿會努力支撐著身體，而長滿肌肉和脂肪變得很有分量。相對的，內側大腿則因爲沒用到肌肉，就鬆垮垮的。

要是藉由塑體操讓髖關節回到正確位置，大腿骨會順著膝蓋變得筆直，外側大腿的肌肉就不會發達，內側大腿也會有適度的作用。如此一來，大腿外側的線條俐落、大腿內側緊實，就算大腿的腿圍沒有變，因爲脂肪和肌肉的生長位置不同，腿部線條看起來就更美了。

改善姿勢、調整骨骼，外表就會改變

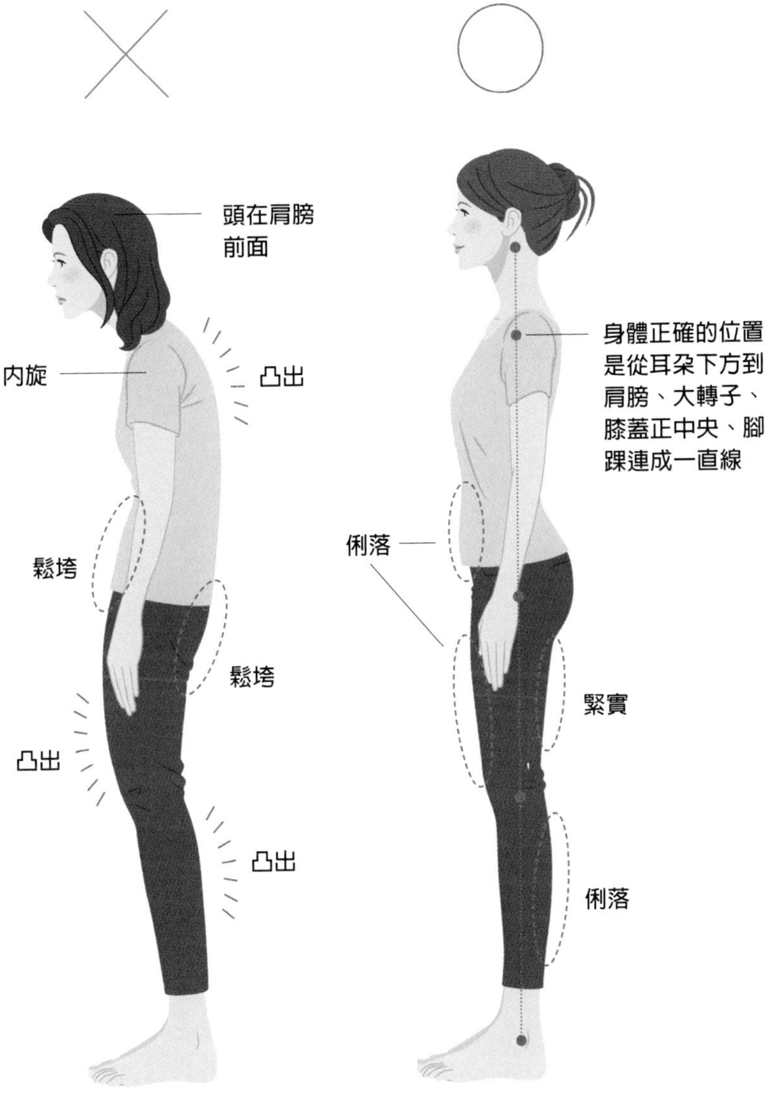

隨時、隨地都可以做。先做2週！從1天5分鐘開始，每天持續養成習慣

塑體操可以「不需要道具」「不偏限場所」「從在意的部位開始」。成功的秘訣在於持之以恆，因此配合個人的生活型態，將塑體操自然地融入日常作息成爲習慣是一大重點。

請看下一頁。以A小姐爲例，她在意的是蝴蝶袖，所以選擇1天做5分鐘手臂塑體操。B小姐則是對於粗壯的大腿和蘿蔔腿很自卑，所以選擇大腿和小腿的塑體操。C小姐利用零碎時間，在外面或家裡做塑體操。D小姐認眞的想要改變身體曲線，所以是21種塑體操都做的大全餐。哪個部位要做多久，完全由你自己決定，總之就先持續做2週吧。爲什麼呢？這是因爲要利用塑體操讓腦袋習慣如何正確的使用身體，至少需要2週。

先嘗試做2週！

A 小姐

在意軟趴趴的蝴蝶袖

瘦手臂塑體操

1 2 3 各1組

⇩

每天在家做5分鐘

B 小姐

想要有雙美腿！

瘦大腿與瘦小腿塑體操

1 2 3 各1組

⇩

每天在家做10分鐘

C 小姐

不論在家或公司有空檔就做！

在外面也做塑體操

在家裡也做塑體操

⇩

每天共約15分鐘

D 小姐

想要全身線條緊實！

7個部位的美身塑體操

1 2 3 各1組

⇩

每天共約40分鐘

Chapter

02

只要3步驟！

改善在意部位，滿足各種願望的塑體操

le Stretch

厚實的「背部」、鬆垮的「手臂」、
輪廓線條模糊的「臉蛋」、沒有曲線的「腹部」、
下垂外擴的「臀部」、掛馬鞍肉的「大腿」、粗壯的「小腿」。
每個人對體型缺陷的煩惱所在多有，
但是大多數女性特別「想要改善！」的是以上7個部位，
也是深受姿勢不良影響的部位。
姿勢不好，骨骼和關節的位置都會歪掉。
如此會造成某些部位容易產生肌肉，或是堆積脂肪
——這就是身體曲線崩壞。
現在就先從把骨骼、關節恢復到原位的塑體操開始，
一點一點地慢慢矯正姿勢。
這對改善你的身體曲線非常重要。

7個部位×3種塑體操

「水桶腰得整治一下」「在換季之前至少背部能見人」……就從這些非常急迫想要改善的部位開始吧！對於你在意的部位，有3種塑體操可以備戰。

本章節的閱讀及使用方式

描畫你想成為的理想女性

不要單純只是說想要變瘦，還要具體描繪出「想要有什麼樣的曲線」「想要穿什麼樣的衣服」，讓自己更有動力。

確實學習7個部位的鍛鍊原理

不是盲目的做塑體操就會有效果。首先要先了解身體曲線變差的原因，才是體雕成功的捷徑。

3種塑體操專攻想改善的部位

嚴選的塑體操只要按照介紹的步驟進行，就能消除身體歪斜、調整姿勢，讓肌肉與脂肪更均衡。

森式塑體操3大重點

Point 1
呼吸

呼吸基本上是由鼻子吸氣，嘴巴吐氣，在吐氣的同時做出塑體操的動作。腹部和背部這類軀幹部位的塑體操，涵蓋有與呼吸連動的肌肉，因此可以有意識的提升呼吸。其他部位的動作則是維持自然呼吸，不要憋氣。

Point 2
時間

塑體操姿勢要維持30～60秒。伸展僵硬的肌肉，讓大腦理解正確的姿勢，需要30秒以上。但是，要是做超過90秒以上效果並不會倍增，所以不是做越久越好喔。

Point 3
動作

有的人會盡可能做出大動作，其實這並不正確。基本上要讓軀幹穩定，只要想像從軀幹到指尖、腳尖，盡可能伸展即可。雖然動作不大，卻能給肌肉和關節正確的刺激。

背部×美身塑體操

窈窕的背影
取決於挺直的背部

沒有一個部位會比背影更能透露出年齡。
穠纖合度的肩胛骨以及優美的脊椎曲線。
合身的衣服、大膽的露背裝，
只要擁有足以自豪的美背，你都可以毫不猶豫地嘗試。

秀出窈窕的背部
合身的針織衫
是上選！
雖然知道寬褲
或是有澎度的裙子
適合搭配合身上衣
但是
內衣上面
會被擠出一團肉
根本無法穿…
這裡
好想矯正駝背！
對背影有自信的話，
想要穿上
顏色漂亮的
露背上衣
裡面穿露背裝
專用內衣
背心式胸罩

Stretch Method

駝背和圓肩 輕鬆矯正塑體操

因爲重力使脊椎受到壓迫，造成背肉鬆弛

內衣上緣擠出肉來、厚實壯碩的背部、內衣下緣鬆垮呈現「八」字的背肉……疏於保養背部，馬上就老態畢露。

背影老化肇因於姿勢不良。隨著年齡增長，重力會讓脊椎彎曲，另外，長時間使用智慧型手機、電腦，肩膀會向內旋，生活中充滿各種造成姿勢不良的成因。

姿勢不良會壓迫脊椎，而被拉扯的肌肉以及脂肪也會下垂。由**24節椎骨**重疊組成的脊椎，一旦間隙變得狹窄後，活動就會卡卡的。本來脊椎骨在頸部彎曲，在劍突呈拱型，然後在腰部再彎曲，以S型的狀態支撐身體。如果骨骼之間的間隙變小，就無法做出蜷縮、後仰之類的動作，脊椎周邊的肌肉也會逐漸僵硬。另外，身體前屈的姿勢會造成胸腹部的肌肉收縮，背部肌肉往前拉扯，不論收縮或是拉扯，都會造成肌肉僵

硬，壓迫血管導致代謝變差，容易囤積脂肪。

胸部肌肉舒緩後，就能鬆開背部

調整姿勢的首要之務，就是改善因爲身體前屈而收縮的胸部肌肉。如果能讓此處不要收縮，那因爲施力而僵硬的背部肌肉、背闊肌等，各個方位的肌肉都能獲得舒緩。舒緩之後，脊椎不論是前彎、後仰也都能順暢動作，而且背部肌肉會更方便活動，能提高代謝率，不容易囤積脂肪。依照此一順序進行塑體操，大腦能感知身體有前傾之虞，立刻能做出姿勢調整。

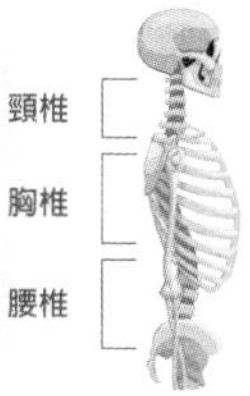

24節椎骨

脊椎並不是一整條骨頭，而是由24節骨頭（椎骨）連結而成，頸椎7節、胸椎12節、腰椎5節。最理想的狀態是頸椎在前，胸椎在後，腰椎緩緩前曲呈S型，是能夠讓肌肉負擔最少的正確姿勢。

{背部}塑體操

1 容易收縮僵硬 胸大肌

1

站在牆壁旁邊，右手肘彎曲向上抬起比肩略高，手扶著牆。左手放在右胸前。

[胸大肌]

覆蓋胸部，從鎖骨平坦延伸到上臂上部的肌肉。

2

吸一口氣，吐氣的同時身體微微向左轉，維持30～60秒。另一側也一樣。

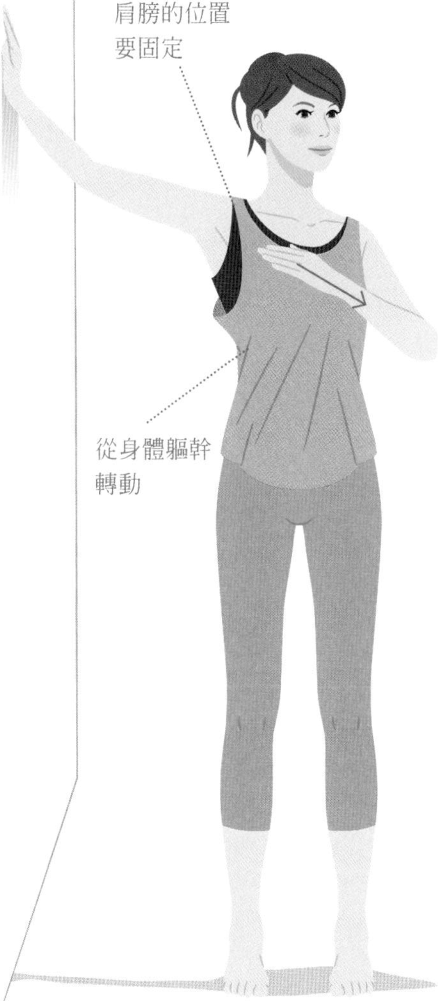

Point

伸展因姿勢不良而緊繃的胸部肌肉

前屈、肩部內旋，都會造成該部位的肌肉收縮。手臂根部有伸展的感覺就是動作做對了。

NG!

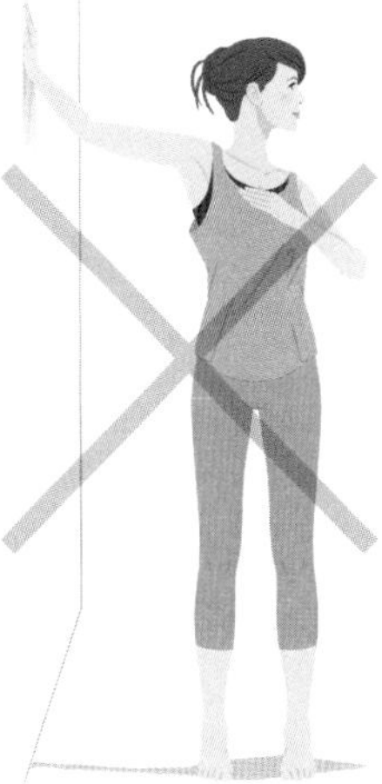

肩膀往上抬，只有臉部往左轉，而肩膀沒有往後的話，無法伸展到胸大肌。

{背部}塑體操

2

脊椎壓迫而卡卡的背闊肌

1

盤腿坐在地上，左手放在身體側邊。右手肘彎曲往上抬到比肩膀高的位置。

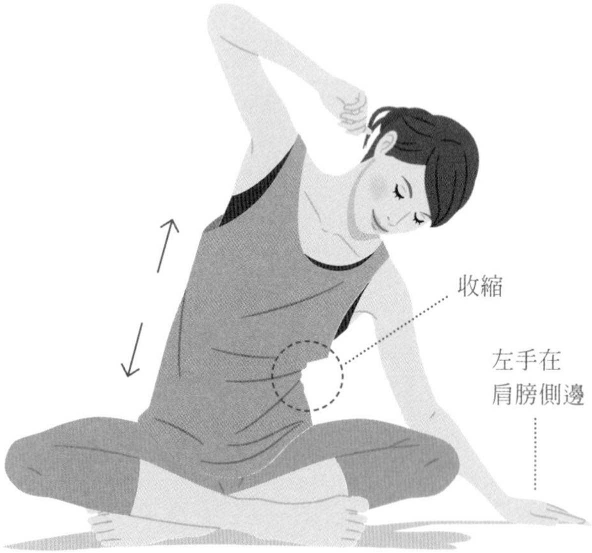

\ 臀部坐在地上 /

[背闊肌]

從側腹部往脊椎處伸展，呈現扇形，是背部面積最大的肌肉。

2

吐氣的同時伸展右手肘，盡可能拉伸，維持30～60秒。另一側也一樣。

手盡可能地
向遠處伸展
手部扶著地板
避免身體倒下

NG!

右邊腰部浮起，身體和手臂看起來往前倒。

Point

伸展因爲脊椎收縮造成鬆垮的背部肌肉

以腰部和手臂一起拉伸連接背闊肌的側腹部。

{背部}塑體操

3

妨礙脊椎動作，硬梆梆背部和腰部

1

坐在地上，雙膝微彎，兩手抓住腳尖。

［背部・腰部］

姿勢不良造成背部和腰部肌肉動作不靈活。配合呼吸，將背部往上，腰部往下，藉由肌肉的互相拉扯來伸展。

2

吸一口氣，吐氣的同時腳向前伸，背部和腰部拱起，維持30～60秒。

Point

配合呼吸伸展背部肌肉

進行運動時，請感受吸氣時肋骨的擴張，以及吐氣時背部肌肉的伸展。利用呼吸來使用背部的肌肉。拱背的目的是為了讓膝蓋不要打直。

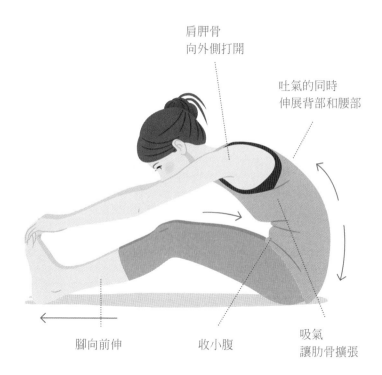

手臂×美身塑體操

解除長久以來被封印的無袖上衣！

不只是纖細，還要有適度肌肉的手臂，
會讓你更有女人味、更性感。
練就緊實修長的健康手臂，
不論什麼款式的袖子都不需要顧慮。

今年夏天一定要
度假時穿
無袖連身套裝！
有自信地閃瞎眾人的眼睛
手臂緊貼著身體
的時候，
粗壯
到連自己都
大吃一驚
壓扁後
看起來更胖
的手臂……
驚！！
華美的花卉圖案
無袖連身洋裝，
適合搭配
棒球帽和
高筒運動鞋
完美展現
健康又性感

Stretch Method

鬆垮的蝴蝶袖很快地變得緊實

肩膀內旋導致蝴蝶袖

肉肉的肩膀，再加上手臂的蝴蝶袖，都是瞬間讓人顯老的象徵。在穿著輕薄的季節，絕對是煩惱的主要源頭，好想做點什麼。

胖嘟嘟的手臂，成因不單純只是因爲年齡或運動不足。即使年輕而且有在運動，手臂不知道爲什麼還是瘦不下去，有這種感受的人還不少。

手臂容易變粗，其實和背部一樣，與姿勢有很大的關係。肩膀內旋會形成聳肩的姿勢，如此一來手臂內側會被拉扯，外側收縮。不論是被拉扯的內側，或是收縮的外側，肌肉都會變得僵硬，造成代謝變差，容易囤積脂肪。

肩關節位置正確，就會有纖細的手臂

本來**正確的姿勢**應該是肩膀在耳朵下方，很多姿勢不良的人，內側往前拱，肩膀位置前傾超過耳朵。這就稱爲肩關節內旋，矯正後讓肩關節回到正確位置，是打造纖細手臂不可或缺的一環。

要讓肩關節回到正確的位置，就必須使肩關節往外旋。這麼做能讓肩關節的位置容易回到耳朵下方，所以更能抬頭挺胸，姿態看起來也更加優美。肩關節位置正確後，手臂內側有張力，就容易往外旋，當你想要往內旋的時候，反而會回到正確的位置。外側收縮的肌肉伸展開來內旋，然後肩關節往外旋的方向動作，肩關節就能流暢的運作，並且固定維持在正確的位置上。

正確的姿勢

從側面看身體的時候，耳朵下方、肩膀、髖部大轉子、膝蓋正中央、腳踝呈一直線才是正確的姿勢。

{手臂}塑體操

1

內旋變圓 肩關節

1

左手從側邊抓住右肩。右手肘90度彎曲，手掌朝向腹部，肩關節往內轉。

［ 肩關節 ］

扭轉連接肩胛骨和臂骨的內側關節。背部肌肉會因為受到拉扯而呈現駝背。

2

以右側肩膀和右手肘爲支點，一邊將肩關節向外扭轉，拇指朝外側維持2秒後，再次回到動作1，反覆做10次。另一側也一樣。

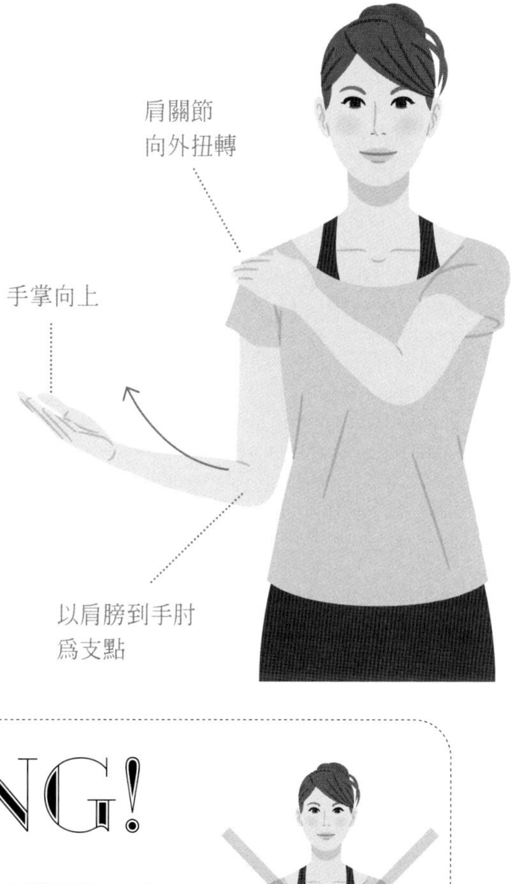

NG!

手臂內側沒有靠在身體側邊，而且手肘往後帶，肩關節沒有動作，是錯誤的姿勢！

Point

肩關節向外扭轉矯正至正確位置

肩關節固定之後向外側扭轉，矯正到正確的位置。進行時感受肩關節喀啦喀啦的轉動。

{手臂}塑體操

2

鬆垮蝴蝶袖的罪魁禍首

肱三頭肌

1

左手搭在左肩後方。坐在椅子或地板上，或是站著都OK。

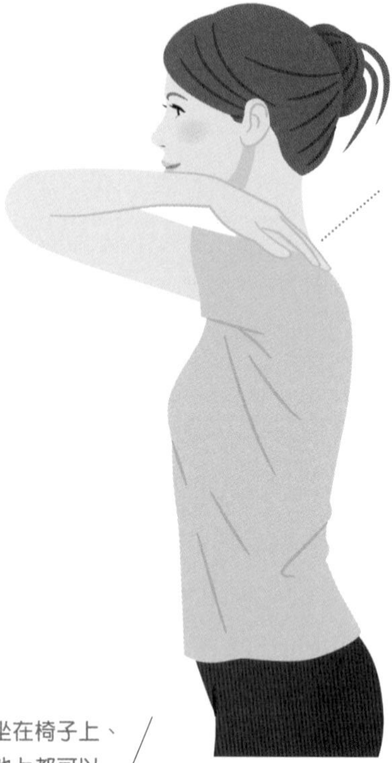

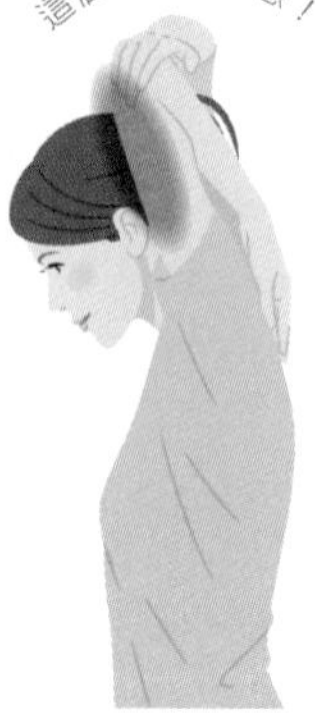

［ 肱三頭肌 ］

這是投擲東西，或是把東西舉到頭上時會用到的肌肉，日常生活中幾乎不太會使用到。

2

右手將左手肘往後拉。伸展手臂維持30～60秒。另一側也一樣。

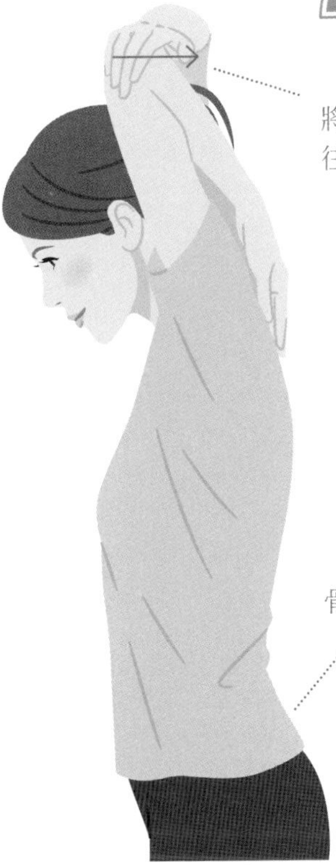

Back

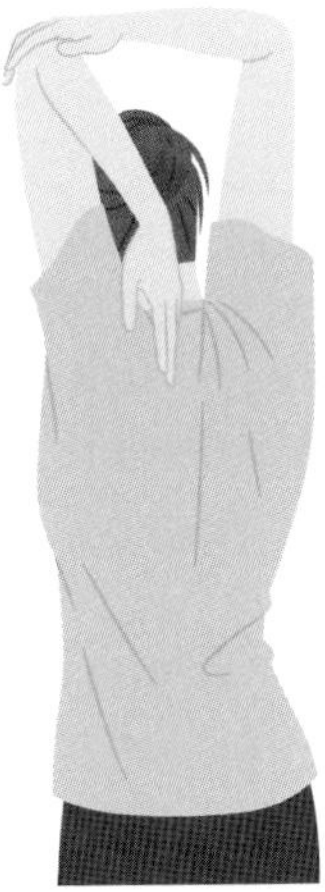

左手肘往後拉的動作可以伸展手臂。左手要緊靠背部，以確實地伸展目標部位。

NG!

想要推拉手肘，但是身體卻漸漸的往旁邊歪斜，這樣是無法伸展到手臂的。

Point

伸展囤積脂肪形成蝴蝶袖的手臂

日常活動很少會伸展到手臂，一不注意就容易鬆垮垮的。由於這個部位滿僵硬的，開始伸展時請循序漸進地運動。

{手臂}塑體操

3 緊縮、僵硬肱二頭肌

1

雙手手掌貼著身體。手掌往身體內側靠攏，肩膀不要用力。

坐在椅子上
或地上都OK

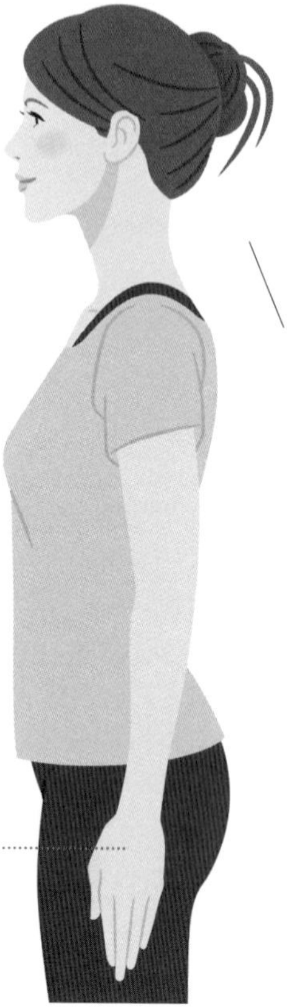

[肱二頭肌]

彎曲手肘、拿東西的時候，都會用到手臂正面的肌肉。這個部位如果緊縮僵硬，肩膀就會被往前拉而容易駝背。

2

手臂向內側旋轉，拇指朝天花板往後拉伸。身體挺直，維持30～60秒。

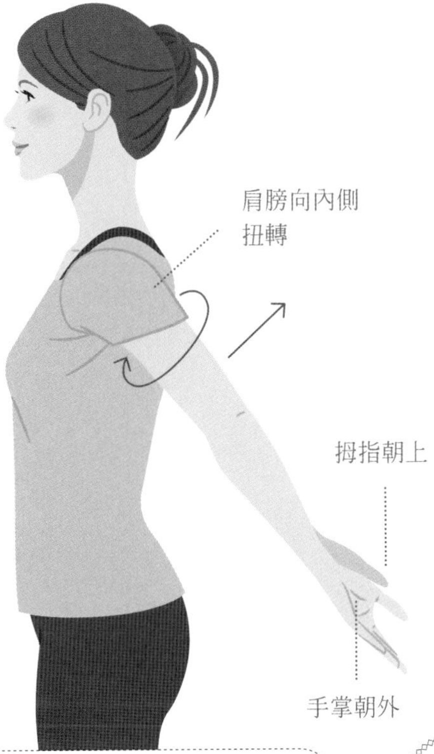

NG!

上半身往前傾就無法運動到肩關節。身體挺直，不要往前倒，眼睛向前看吧。

Point

肩關節內旋，舒緩緊縮僵硬的手臂內側

肩關節向內旋轉伸展肱二頭肌，而反方向的肱三頭肌也會收縮，所以可同時鍛鍊整個手臂。

臉部×美身塑體操

找回清晰的臉部線條，打造小臉

修長的脖子，俐落、線條分明的臉部曲線，將大大提升美麗的指數。不用費心計較要搭配什麼髮型或衣領，就是想要隨心所欲的自由選擇！

臉部線條
果然可以帶來自信
頭髮紮起來，
就是想要
露出臉蛋和脖子！
大開襟的鬆軟針織衫，
只露出想露的部位
其他保持低調。
隱約流露
難以言喻的性感……
小臉的特權
黑色蘑菇頭
×
紅唇
好嚮往

Stretch Method

消除水腫、雙下巴，塑體操也能發揮效果

姿勢不良讓臉部線條崩壞

無法抵抗重力，臉部鬆垮，盯著電腦工作或是開會後一臉浮腫倦怠，都會讓臉部線條變得模糊，不知不覺就出現雙下巴。讓人不禁感嘆「我記得以前不會這樣啊。」

還有身體雖然不胖，但是臉卻腫腫的，給人肥胖的感覺，這其實和姿勢也有很大的關係，尤其是經常使用智慧型手機和電腦的人。長久下來，肩膀變成圓肩，頭比肩膀還要前傾。頭部位置在前面，脖子就會受到擠壓，血液及淋巴不流暢，就容易引起水腫和堆積脂肪，所以姿勢不良會讓臉漸漸變圓。一定要阻止這種情形！

頭在正確的位置，臉就會變小

了解原因之後，對策就簡單了！首先要舒緩的就是拚命支撐往前凸出的頭部，因而

變得僵硬的脖子大肌肉——胸鎖乳突肌。
下一步則是**顳顎關節**四周的肌肉。當下巴的血液循環良好，就可以消除浮腫，讓臉部線條清晰！沉迷於社群網站導致開口說話機會大減，再加上只吃軟的食物，都會造成下巴周圍的肌肉衰微。目標是嘴巴要能打開到3根手指縱向放入的程度。
最後一步是，要讓頭回到正確的位置。讓脖子的骨骼——頸椎恢復原本該有的曲線，實現讓脊椎的負擔較少的姿勢。

血液及淋巴

從心臟被擠壓出來的血液，經由動脈把氧氣和營養送到每個細胞。然後再從靜脈回到心臟。在此過程中，回收不需要的水分和老廢物質的，就是淋巴。淋巴液在淋巴管中匯流至靜脈，而淋巴液也有流經臉部四周，所以如果有滯留，就容易浮腫。

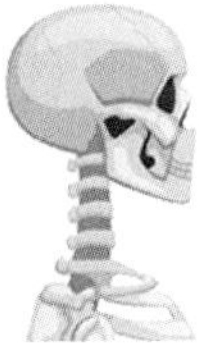

顳顎關節

這是位於臉頰和下巴交界處，耳朵前方的關節。如果這個部位不靈活，就容易造成浮腫。

{臉部}塑體操

1

支撐頭部重量 胸鎖乳突肌

1

左手放在右鎖骨上並往下壓。

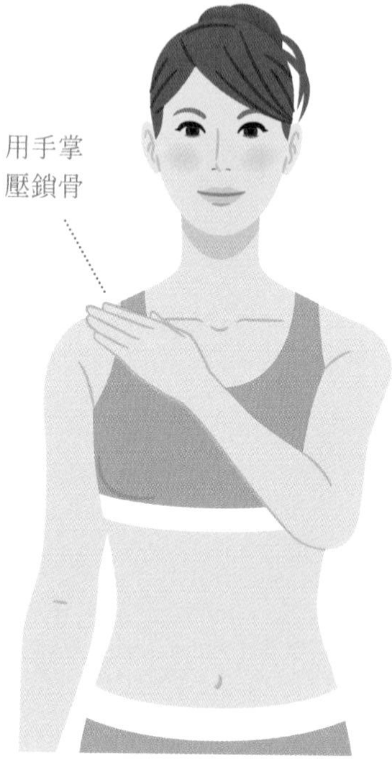
用手掌
壓鎖骨

這個部位最有感！

［ 胸鎖乳突肌 ］

從耳朵下方開始，連接鎖骨、胸骨，位於脖子側面的肌肉。此處為支撐頭部的肌肉，所以負荷較重，容易僵硬。

2

脖子向左傾，頭往後仰，臉部朝上讓下巴凸出。保持呼吸，維持此動作30～60秒。另一側也一樣。

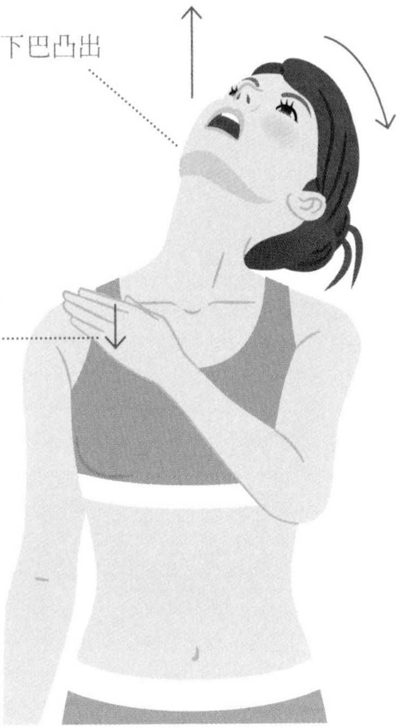
下巴凸出
左手輕輕將
鎖骨
往下壓

Point

鬆弛支撐頭部重量的頸部肌肉，讓頭部回到正確位置

胸鎖乳突肌支撐著占身體10分之1重量的頭部，如果頭部一直維持在肩膀前面，負擔會變大。只要舒緩頸部肌肉，就容易讓頭部回到原本的位置。

{臉部}塑體操

2

臉部線條更清晰 翼內肌

1

嘴巴左右移動10次。每次動作都要感受到下巴關節有在移動。

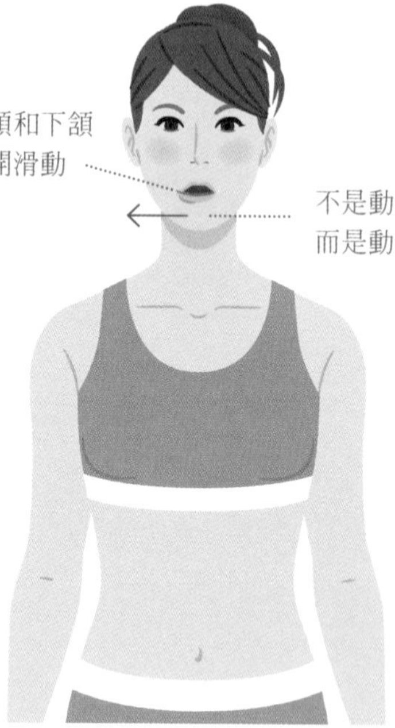

上頜和下頜
錯開滑動
不是動嘴唇，
而是動下巴

Point

臉部周圍的血流和淋巴循環良好，就能變小臉

經常運動下巴關節，就能鬆弛翼內肌。下巴周圍的血流和淋巴循環變好，臉部線條就更俐落了。

這個部位最有感！

[翼內肌]

張開嘴巴時，位於臉頰內側的縱向肌肉就是翼內肌。滑動下巴、啃咬食物時會用到。

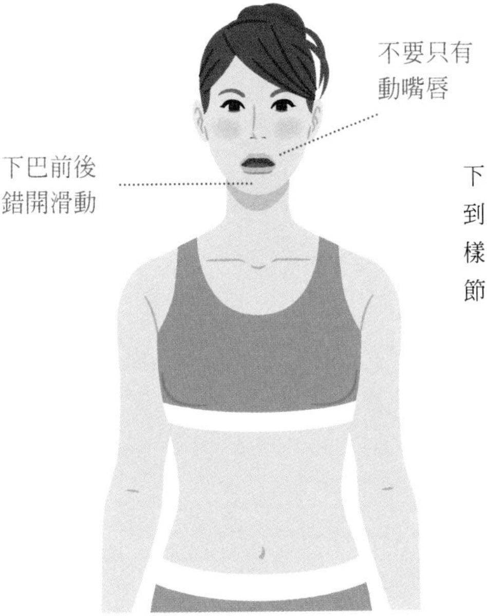
不要只有
動嘴唇
下巴前後
錯開滑動

2

下巴向前推出，然後再恢復到原位，重複10次。和1一樣，動作時要感覺到下巴關節有移動。

Side

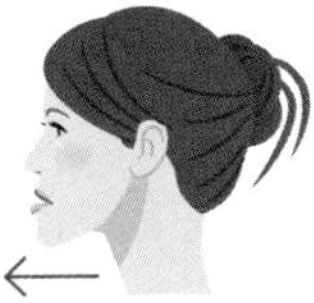

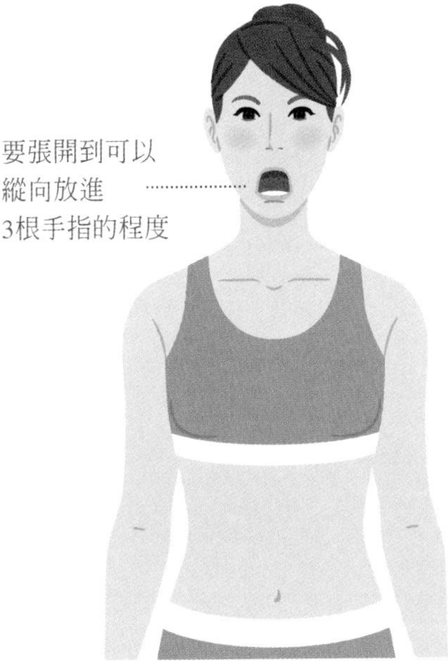
要張開到可以
縱向放進
3根手指的程度

3

從2將下巴往前推出的狀態下，張嘴維持3秒鐘。

Side

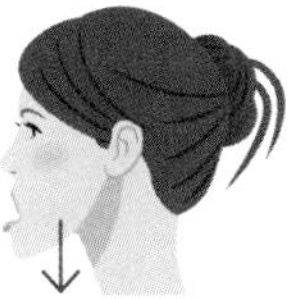

{臉部}塑體操

3

打造頸部骨骼曲線 頸椎

1

趴下，兩手握拳重疊放在臉部下方。將下巴放在拳頭上，讓脖子往後做出曲線。

脖子往後
做出曲線
左右哪一個拳頭
在上面都可以
兩個拳頭
重疊

［ 頸椎 ］

24節的椎骨中，頸椎占7節。向內側彎曲以支撐頭部的重量。

2

頭部往左右傾斜，來回30次。

頭部往側邊傾倒
拳頭交疊不要鬆開

Point 恢復頸部骨骼曲線，讓頭回到正確的位置

頸部僵直會造成頭部往前凸出的人，一開始做這個動作時，會覺得脖子周圍緊緊的，這才是頭部正確的位置，習慣之後，會感覺到頸部的負擔差很多。

腹部×美身塑體操

穿有腰線的衣服
強調腰身

「腰身」是女性永遠的嚮往。
若擁有玲瓏有緻的體態，那不論是有腰線的連身洋裝，
或是需要把上衣紮進去的褲子，
都可以毫不猶豫的穿戴，輕鬆駕馭各種流行服飾。

刻意養成的
腰身!!
想要積極大方地展現
果然還是穿上有腰身的
連身洋裝好
黑白格紋洋裝
只要搭配個性小物，
穿起來就不會太甜膩
水桶包
×
踝靴

Stretch Method

打造細緻腰身，駕馭流行時尚的方法

鬆垮的腰間肉和擴張的肋骨讓腰身消失了

在體態上，其他都可以忽略，但是最想擁有的絕對是腰身。因爲只要有腰身，就能呈現出絕佳的身體曲線。

即使有點豐腴，或是腰間有一圈脂肪，任何人都能夠打造出腰身——只是不知道方法的人太多了。或許你會認爲要對付腰部和腹部的贅肉「一定要鍛鍊腹肌」，但是即使有了腹肌，也不會有玲瓏的曲線，脂肪也不會下降。說難聽一點，脂肪和肌肉都不會因此有所改變，這麼拚命鍛鍊你在意的部位，並不會分解多餘的脂肪。

腰身消失的原因是脊椎被壓迫，肋骨的前側被拉開。脊椎被壓迫的地方，附著在上面的肌肉和脂肪一定會鬆弛。另外，**肋骨外翻**，也會造成肋骨和骨盆之間的距離變短，腰部也就沒辦法緊實而呈現出腰身了。

舒緩腰部和腹部的肌肉，讓肋骨收合

那要怎麼做才能打造出腰身呢？有三個重點：

首先，藉由矯正正確的姿勢，來舒緩硬梆梆的腰部肌肉。由於不良的姿勢壓迫到脊椎，致使腰部的肌肉變硬，腹部的肉收縮就擠出多餘的贅肉了。因此得從腰部開始著手，先讓上半身恢復到原來的位置吧。

第二個重點是，讓肋骨收合。尤其骨盆前傾的人更要注意。從姿勢來看，會呈現出胸部挺起、後腰內凹，肋骨前端張開的狀態，這樣的話，腰部就很難顯現出腰身。

最後，姿勢不良也會讓腹部的肌肉被壓迫。伸展腹部肌肉，將肋骨和骨盆之間的距離拉出來，才會有腰身。

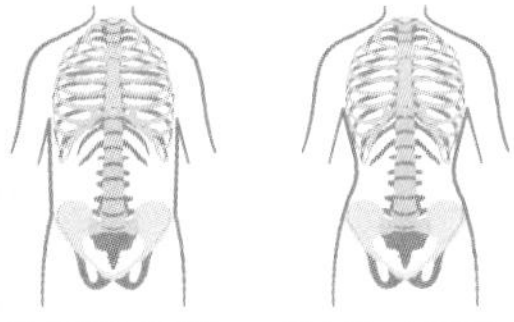

肋骨擴張狀態　肋骨收合狀態

肋骨外翻

骨盆前傾和胸部過於前凸，都會造成肋骨下部像圓裙的下襬一樣外擴。這麼一來下胸圍就會顯得很寬，腰身的空間沒有了，看起來就像水桶腰。

{腹部} 塑體操

1 打造腰身的重點 腰

1

仰躺，左膝呈90度彎曲，並且跨過右腳，膝蓋用右手壓住。

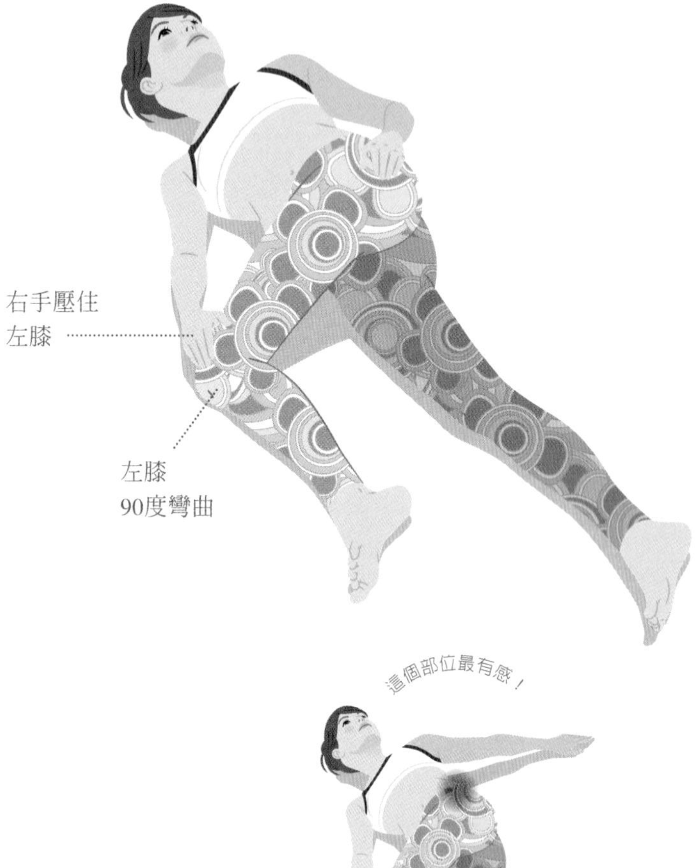

右手壓住
左膝
左膝
90度彎曲

這個部位最有感！

[腰]

在面積寬闊的腰部中最靠近側腹部的位置，是與肋骨連動的肌肉，鬆弛這個部位，可以讓肋骨容易收合。

2

左膝靠近地板，不要浮起，左肩也靠近地板。邊伸展腰部，邊做深呼吸，維持30～60秒。另一側也一樣。

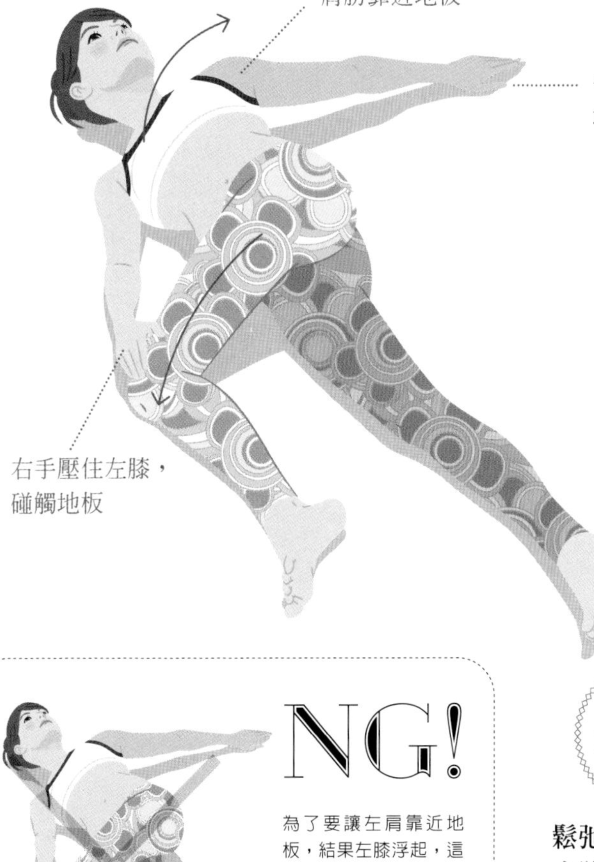
肩膀靠近地板
手掌碰觸地板
右手壓住左膝，碰觸地板

NG!

為了要讓左肩靠近地板，結果左膝浮起，這樣並無法舒緩腰部周圍的肌肉。左膝一定要確實地碰觸到地板。

Point

鬆弛腰部肌肉能收合肋骨，創造腰身

脊椎壓迫造成鬆弛的腰部，如果能好好伸展，就能拉開肋骨到骨盆之間的距離。由於是和肋骨有連動的肌肉，所以肋骨會更容易收合，下胸圍看起就更緊實，也更顯腰身。

1

仰躺，雙手放在地板上，腰部往上抬，腳尖越過頭部上方，讓腳趾頭碰到地板。

想像肋骨
收合

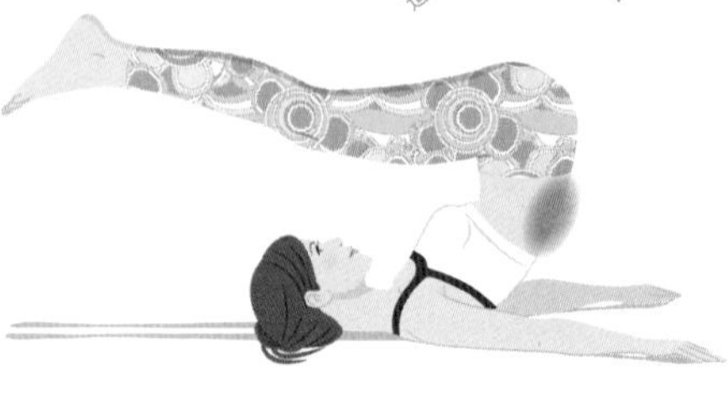
這個部位最有感！

[腰]

將骨盆前傾的部位抬起，腰部會收縮，肋骨會向前擴張，可以舒緩腰部。

2

吐氣的同時雙腳離開地面。慢慢呼吸，維持30～60秒。

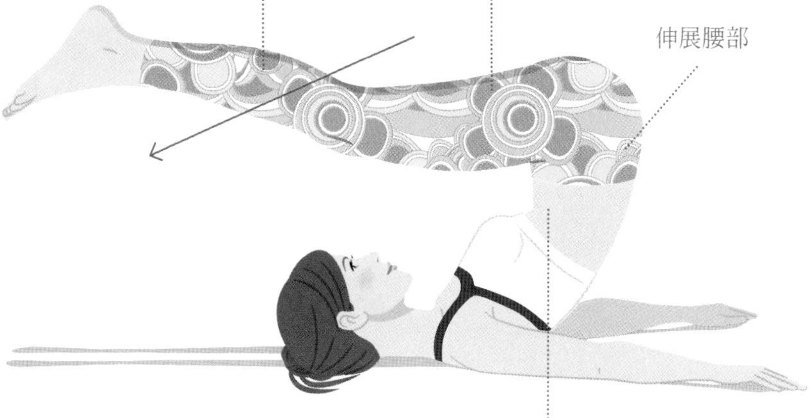
腳盡量往前伸，
利用重量
伸展腰部
伸展大腿後側
像做仰臥起坐一樣
收縮腹部

Point

**腰部僵硬的人，
邊調整呼吸邊確實伸展**

骨盆前傾的人尤其容易腰部僵硬，需要重點進行伸展。吐氣的同時利用雙腳的重量拉伸腰部，讓軀幹收縮，肋骨收攏。

{腹部}
塑體操

3

緊縮鬆弛腹直肌

1

趴下，手肘90度彎曲，手掌放在臉部旁邊。
全身放鬆，雙腿微開。

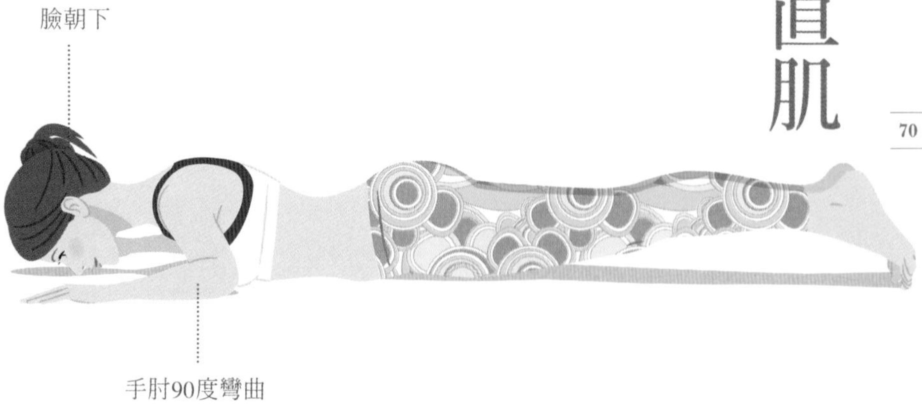
臉朝下
手肘90度彎曲

這個部位最有感！

［腹直肌］

就是腹部前面的平坦長條狀肌肉。脊椎被壓迫變成拱背的姿勢，這個部位會顯得緊縮、僵硬。

2

吐氣的同時將手肘撐起。
胸部挺出，並將上半身抬起，維持30～60秒。

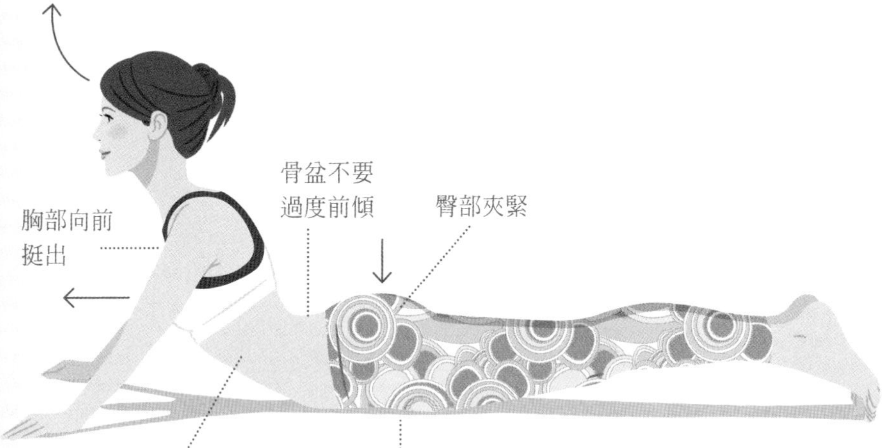
胸部向前
挺出
骨盆不要
過度前傾
臀部夾緊
伸展從胸口到
恥骨的腹肌
恥骨往下壓

Point

伸展腹直肌，
拉長肋骨和骨盆的距離

胸部挺出去，伸展被壓縮的腹直肌，藉此拉長肋骨到骨盆之間的距離，打造出腰身的空間。恥骨要碰觸地面，但是注意骨盆不要過度前傾，臀部用力，就會減輕腰部的負擔。

臀部×美身塑體操

緊實上翹的渾圓臀部
更添女性魅力

臀部不只要小，還要恰到好處的圓、翹。
只要是能突顯臀部曲線的緊身裙、高腰褲，
都能大大方方地穿上，超開心的。
性感的翹臀，不論哪種類型的下身裝扮都能駕馭！

臀部曲線
漂亮的人，
穿上針織裙
是最完美搭配
高腰寬褲
意外的
會突顯臀型……
想要瘦，但也
好想要有屁股喔
不只是瘦，
還要有曲線
才理想
扁～平～

Stretch Method

改善下垂的臀部，調整髖關節是關鍵

臀部不使用就會肥大化橫向發展

在身體曲線中，臀部尤其會隨著年齡產生巨大變化。下垂、扁平、橫向發展、脂肪堆積，產生橘皮組織……

背部、腿部、臀部是人體3大主要肌肉。下半身的身型美觀與否，關鍵就在於臀部肌肉。臀部包覆著髖關節，負責支撐身體核心部位——骨盆，唯有臀部的肌肉發達，臀部脂肪的外型才會漂亮。

你在日常生活中，有沒有感受到「有在使用臀部肌肉」的時刻？爬樓梯的時候是大腿前側，跑步的時候是小腿肚會瘦。本來應該要使用臀部的機會大減，屁股當然就下垂了，大腿和小腿變得粗壯，離理想越來越遠。

不論內外，都扭轉髖關節回到正確的位置

想要讓臀部變小，與其進行高強度的肌肉訓練，在諸如「站立」「跑步」的日常活動中，多使用臀部肌肉更爲重要。因此最應該注意的是**髖關節的使用方式**。

臀部外擴、下垂的人，共通點就是髖關節往內扭轉，稱之爲內旋。大腿腿骨向前或往橫向凸出，是因爲都只有使用到大腿外側或前側走路的關係。將髖關節往外扭轉，也就是由內旋反向旋轉，就能回到正確的位置，連動的臀部肌肉會受到影響，在跑步、站立時就能派上用場，更進一步還能使容易鬆弛的大腿內側肌肉獲得利用。最後一步是將髖關節再往內扭轉，藉由內旋讓髖關節回到正確的位置而做出外旋的動作，如此就完成姿勢矯正。

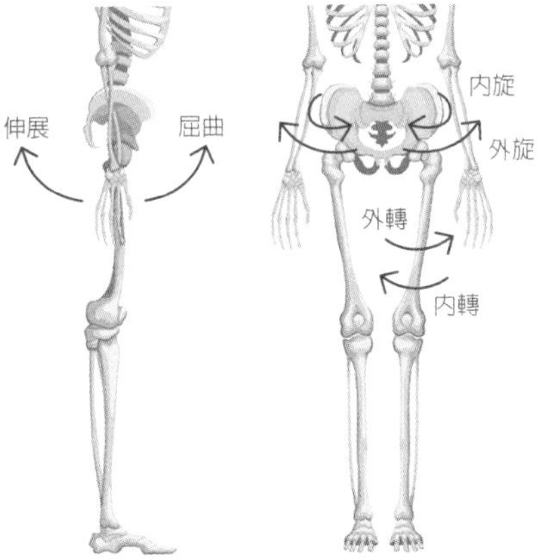

髖關節的使用方式

髖關節向外扭轉是外旋，向內扭轉是內旋，將腳往上抬後彎曲是屈曲，往後伸是伸展，往外打開是外轉，向內靠攏是內轉，共有6種動作。最理想的狀態是不論做哪個動作，髖關節都能很流暢的運動。

1

大腿內側朝向正面 髖關節外旋

1

雙手、雙膝碰觸地面，右膝呈90度彎曲向前。
手放在肩膀下方，骨盆前傾。

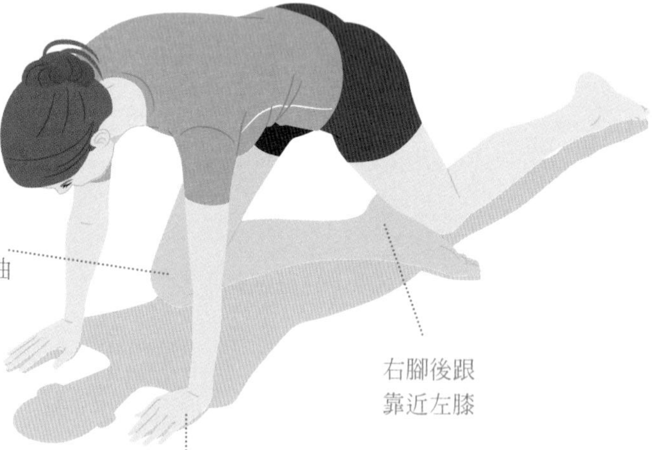
右膝
90度彎曲
右腳後跟
靠近左膝
手部在肩膀正下方

這個部位最有感！

［髖關節］

這是連接骨盆和大腿骨的關節。負責支撐上半身的重量，同時支配著下半身的動作，是非常重要的部位。

2

手肘彎曲碰觸地板，髖關節邊向外扭轉，臀部邊往右滑動，維持30～60秒。另一側也一樣。

Back

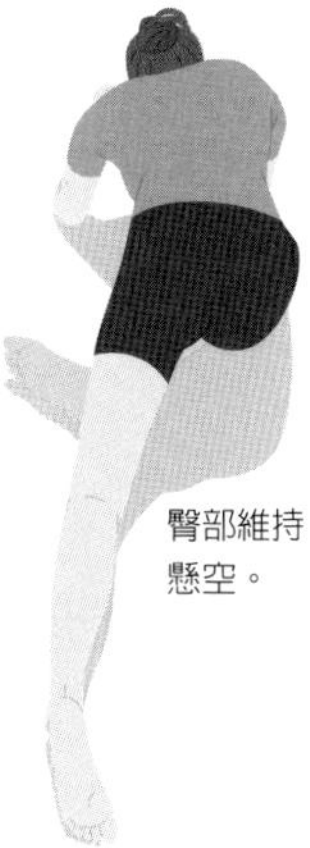

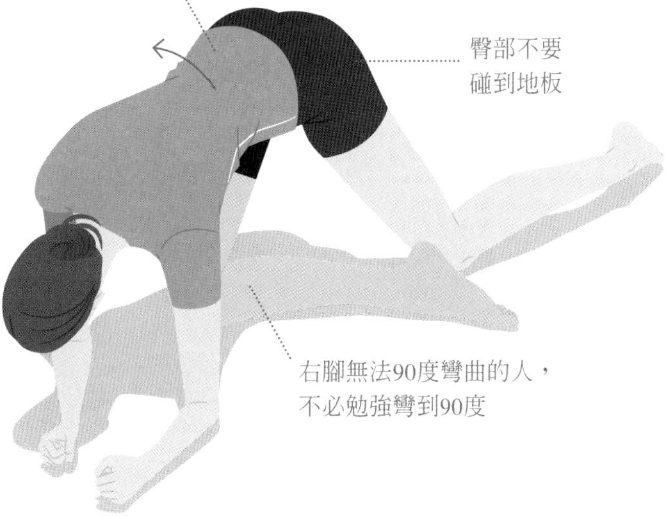
髖關節向外扭轉，
同時滑動。

NG!

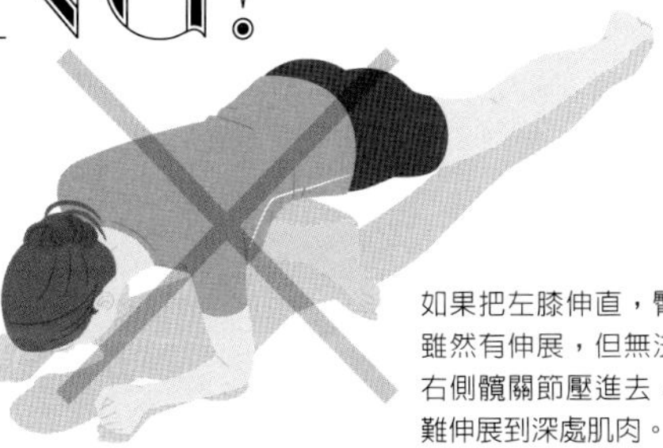

如果把左膝伸直，臀部雖然有伸展，但無法把右側髖關節壓進去，很難伸展到深處肌肉。

Point

像是要把髖關節壓進骨盆深處那樣

藉由髖關節向外扭轉，要有意識的伸展與之連動的臀部深處肌肉。可以想像右側髖關節要壓進骨盆深處那樣。

{臀部}
塑體操
2
容易鬆垮的大腿內側 內收肌

1

雙腿張開，膝蓋著地，手掌碰觸地版，上身往前伸展。將髖關節向外扭轉。

髖關節
向外扭轉
腳尖踮起

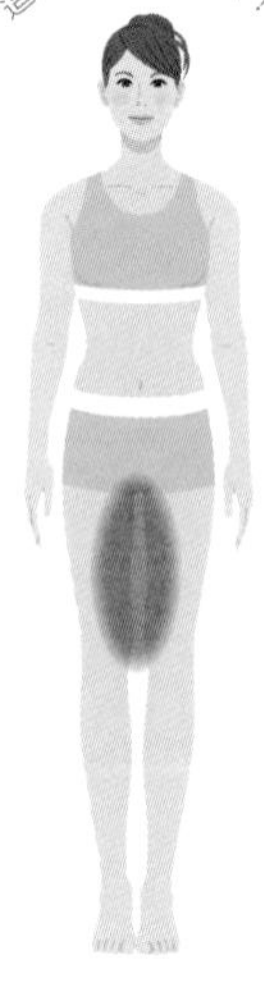
這個部位最有感！

[內收肌]

就是大腿內側的肌肉。鍛鍊這個部位，能使髖關節更靈活。

2

臀部夾緊，身體一邊向前方滑動，膝蓋伸展，
維持2秒，再回到動作1。重複10次。

臀部夾緊
腳盡量
不要浮起

NG!

膝蓋往上翹，骨盆過於前傾，沒有動到髖關節，只有身體往前滑動。

Point

臀部用力，讓髖關節屈伸更順暢

髖關節向外扭轉，做出外旋的動作，伸展、彎曲髖關節，能讓髖關節更容易進入骨盆。

{臀部}塑體操 3

容易向外扭轉 髖關節內旋

1

坐在地上，雙膝彎曲，髖關節向內扭轉呈內八。
雙手放在身體後方，腰部拱圓。

雙膝之間距離
1個拳頭
雙腳放在
膝蓋外側
腰部拱圓

這個部位最有感！

［ 髖關節的內旋 ］

髖關節往內側轉動。藉由內旋時髖關節向內移動的動作，拉伸外側的肌肉，使之回到正確的位置。

2

左膝往內側傾倒，直到接近地板的高度。另一側也一樣。左右交互進行10次。

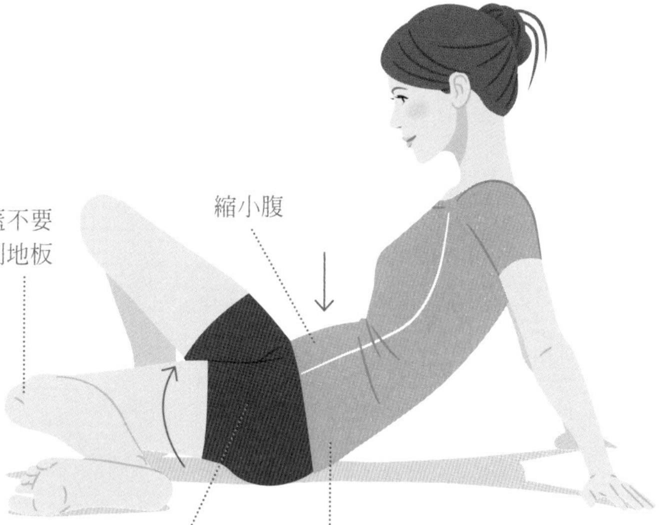

NG!

為了讓膝蓋靠近地板，導致骨盆前傾。雖然髖關節有向內轉動，但是位置並不正確。

Point

大腿根部向內扭轉，使之嵌入髖關節內

1 的塑體操是讓髖關節在向外扭轉的狀態下，嵌入髖關節。2 則是利用內旋的方式嵌入髖關節。做這兩種動作能讓髖關節回到正確的位置，讓身體學會使用臀部肌肉。

大腿×美身塑體操

好想擁有可以駕馭各種下身服裝的長腿喔！

每次換季整理衣櫃的時候，
都要把放在深處那件合身牛仔褲拿起來看一下，
這回一定要達成目標，再一次自信滿滿地穿上它，
而且只要擁有一雙美腿，
不只合身的，任何長褲都能穿出美感。

穿合身牛仔褲的時候，
總是很在意
大腿的部分……
都要穿長版上衣來遮掩

大腿修長勻稱後
想做的裝扮：

短版夾克
×
合身
小喇叭牛仔褲

刷白的丹寧褲
也能穿得漂亮！

Stretch Method

打造大腿線條，就要消除馬鞍肉和下垂

大腿前凸和外擴的馬鞍肉成因就在髖關節

最理想的腿部線條，是筆直且有適度的肌肉。但是最多人煩惱的就是大腿向外或向前凸出，後側或內側鬆垮下垂的不勻稱雙腿。其實這樣的雙腿，是因日常生活中的站姿和走路姿勢所造成的。

大腿外側和前側凸出，以及臀部下垂不夠渾圓、臀部外擴的成因相同，都是髖關節過於向內扭轉。髖關節向內扭轉，就會造成大腿的骨骼往前或往橫向凸出，身體的重量容易落在外側和前側，所以就會變成肌肉旺盛又脂肪滿滿的腿型，看起來就像掛上了馬鞍般。

另一方面，大腿內側和後側，因爲站立或走路時很少用到臀部的肌肉，所以連帶的讓這部分的肌肉變少，容易囤積脂肪，代謝也變得不好。

不論內外，都扭轉髖關節回到正確的位置

在調整體態時，臀部和大腿的關係密不可分，共通的部分就是髖關節的位置。如果位置正確，不管什麼動作都可以靈活進行。

髖關節位於骨盆的凹陷處、正好嵌入大腿骨上端。但是如果沒有鑲嵌好，就會有卡卡的感覺，會有走路不穩等不順暢的狀況發生。很多女性的髖關節都向內扭轉，所以大腿骨會向外凸出變成O型腿，或是變成假胯寬。髖關節如果回到正確的位置，大腿內側和後側肌肉會被使用到，能減輕外側和前側的負擔，就能打造出有適度肌肉的筆直雙腿。

{大腿}塑體操

1

腳往上抬 髂腰肌、股直肌

1

右腳向前跨一步，膝蓋90度彎曲呈跪姿。左膝彎曲跪在地上，骨盆往前滑動，維持30～60秒。另一側也一樣。

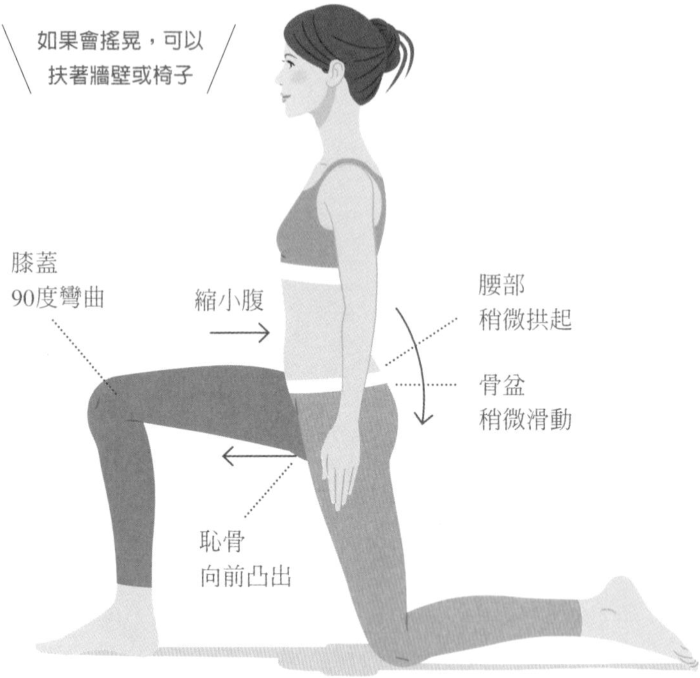

［股直肌］

位於大腿前側。把身體重量放在腳尖、髖關節向內旋轉、O型腿等，都會讓這個部位因為支撐體重，而容易導致緊繃感。

［髂腰肌］

橫跨脊椎和大腿的肌肉，是連接上半身和下半身的重要角色。久站、久坐都會變得僵硬。

2

左手抓住左腳踝，伸展大腿前側，
維持30～60秒。另一側也一樣。

NG!

身體大幅向前滑動，雖然可以一定程度的伸展鼠蹊部，但是骨盆會前傾，髖關節的位置就不正確了。

Point

利用骨盆後傾來伸展大腿前側

大腿前側的肌肉，如果骨盆前傾就會被拉扯，所以要加以鬆弛，舒緩緊繃。

{大腿}塑體操

2

鬆弛與橘皮組織的大本營 膕旁肌

1

右腳向前踏出一步，膝蓋90度彎曲呈跪姿。左膝彎曲放在地板上。如果會疼痛，可以在膝蓋下面放墊子。

［ 膕旁肌 ］

髖關節不靈活，就會讓大腿內側肌肉難以施力。這個部位很容易僵硬，所以要好好鬆弛。

2

右膝向前伸直，腳跟著地，像是從髖關節處彎腰，讓上半身稍微往前傾，維持30～60秒。另一側也一樣。

如果會搖晃，可以扶著牆壁或椅子

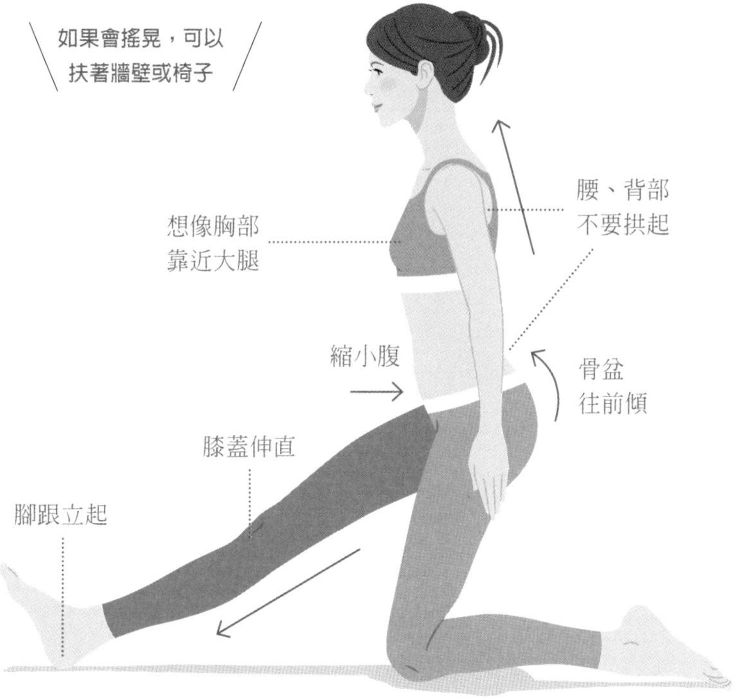

NG!

腰部拱起，上身往前傾倒太多。雖然多少能伸展後側大腿，但是髖關節並無法嵌入骨盆中。

Point

將髖關節往骨盆內壓，伸展後側大腿

像是要把骨盆往後拉一樣，讓身體往前傾，確實伸展大腿後側。同時將另一隻腳的髖關節嵌入骨盆中。

3

鬆弛就難以施力

內收肌

1

右膝彎曲跪在地板上，左腳往側邊伸直。如果右膝會疼痛，可以鋪墊子在下方。手插腰。

[內收肌]

位於大腿內側的肌肉。雙腿併攏時，這個部位要能往中間集中，是美腿的重要關鍵。

Side

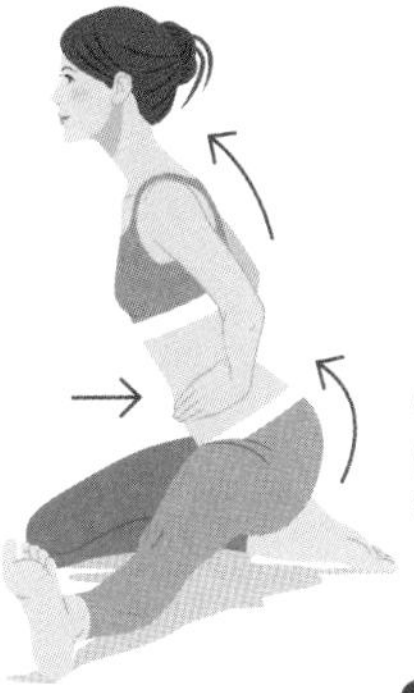
骨盆確實維持前傾的姿勢，臀部可微微向後。

2

骨盆前傾，讓身體往前倒，維持30～60秒。另一側也一樣。

NG!

腰部拱起就無法伸展內收肌。腳尖往前倒就無法將髖關節外旋做出矯正動作，所以腳尖要朝上。

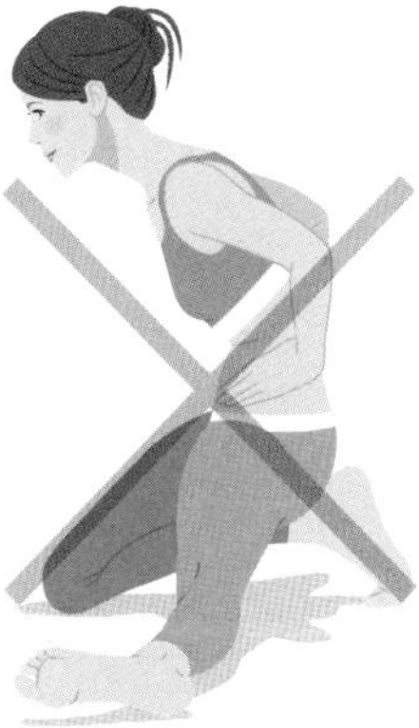

Point

大腿內側伸展同時髖關節向外扭轉

腳尖朝上，髖關節向外扭轉呈外旋狀態。伸展無法好好施力而僵硬的大腿內側。

小腿×美身塑體操

從搖曳的裙襬
窺見美麗的曲線

匆匆一瞥裙襬下修長筆直且纖細的小腿，透露出主人有著一副迷人的窈窕身材。高質感的高跟鞋完美襯托出緊實的腳踝，輕盈俐落的步伐盡顯優雅出衆的氣質。

我的
假日到附近溜達的
理想造型第1名
清爽的運動衫
×
光澤感的
中長裙
從高雅的
中長裙露出
緊實的小腿
最理想
胖胖的小腿
不適合穿中長裙
因為最胖的部分
露出來了
這裡
哇～

Stretch Method

主攻小腿和腳踝，擺脫蘿蔔腿

腳踝不直就會形成蘿蔔腿

只有小腿特別粗壯，也就是所謂的蘿蔔腿，成因就在於使用踝關節和腳趾關節的方式有問題。連接小腿與腳板的踝關節，也就是腳踝，能夠做出彎曲、伸直、向內和向外旋轉等各種動作，加以搭配組合，就能夠走路、跑步。但是如果沒有保持腳踝拉直，就會呈現走路拖地、身體重量落在小腿外側，以及膝蓋下方的2根骨頭——脛骨和腓骨分離，如此一來大腿看起來就會很粗壯。

腳踝不穩定，在著地時體重沒有落在拇趾根部，在不平衡的狀況下走路會踢到地面，使得小腿肌肉發達，變成蘿蔔腿。

腳趾關節要感覺到地面，小腿才會變細

首先應該做的就是讓腳踝拉直，感受身體重量有落在拇趾根部。我們往往會認爲目前自己走路的方式最舒服，但是要先拋棄成見，去感受踏出每一步時，身體的重量落在何處。當體重落在拇趾根部，小腿可以取得平衡，走得很好。相反的，如果沒有，那小腿的肌肉就必須支撐重量，會讓小腿或脛骨肌肉僵硬。好好伸展保養非常重要。能了解腳趾負重的感覺，就能以不讓小腿緊繃的方式走路，所以長時間走路也不會那麼疲勞，能減輕腫脹。腓骨和脛骨的距離變小，也就會有俐落的小腿線條了。

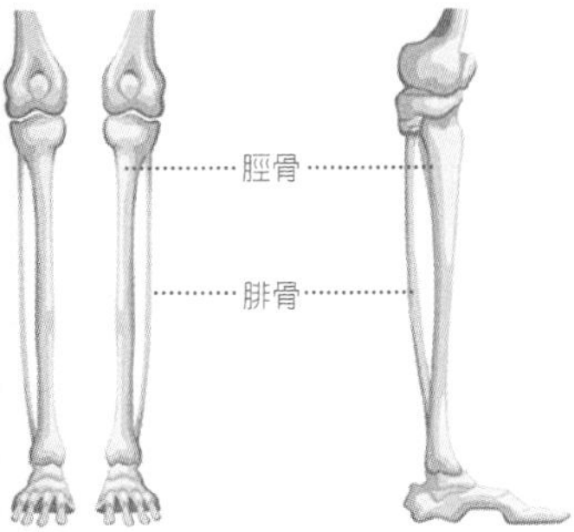

脛骨和腓骨

兩者都是從膝蓋下方延伸到腳踝的骨骼。脛骨在前側，從皮膚上就可以摸得出來。腓骨是在小腿外側的細長骨骼。這2根骨骼之間的距離，決定了小腿的粗細。

{小腿}塑體操

1

接觸地面支撐重量 蹠趾關節

Side

跪坐，將腳尖立起。有意識地讓體重落在拇趾根部，雙手壓住腳底伸展，維持30～60秒。

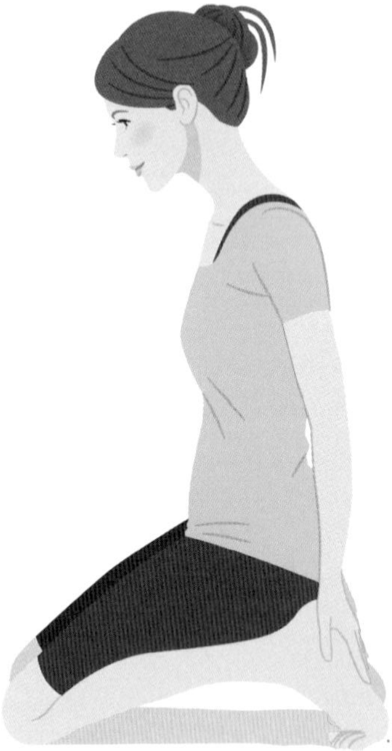

以拇趾根部承受體重

［蹠趾關節］

位於腳趾根部的關節。走路的時候如果能確實彎曲，有助於負載體重。蹠趾關節正確彎曲，可以拉伸後腿肌肉。

Back

腳趾關節確實彎曲，就能感受到腳趾在支撐著身體的重量。

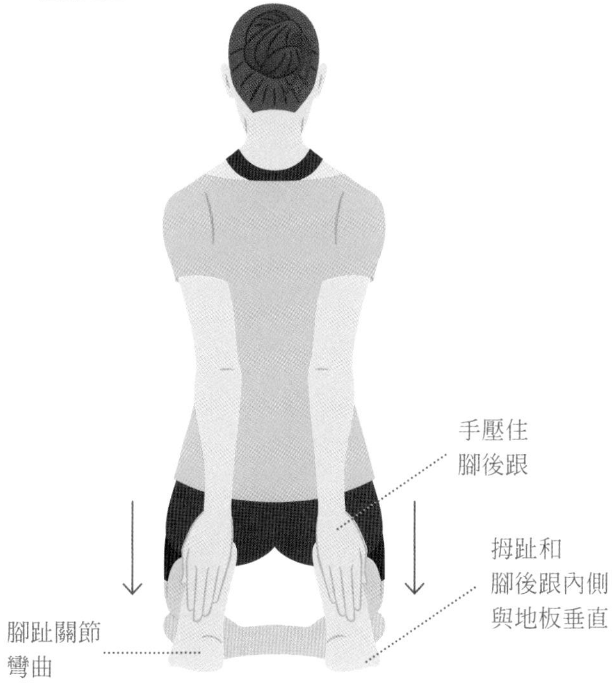

NG!

重量落在小趾而非拇趾根部是錯誤的！小腿外側的肌肉為了要平衡負擔，就會變粗。

Point

拇趾支撐體重，調整身體的平衡

很多人在站立的時候，腳掌心沒有站穩，重量都在拇趾上。腳掌心站穩，讓其他四隻腳趾也能負重，體重就能平均分攤在整個腳掌上。

{小腿}塑體操

2

容易疲勞水腫小腿

Side

右腳往前踏出一步，手掌扶著牆壁，左小腿拉伸，維持30～60秒。另一側也一樣。

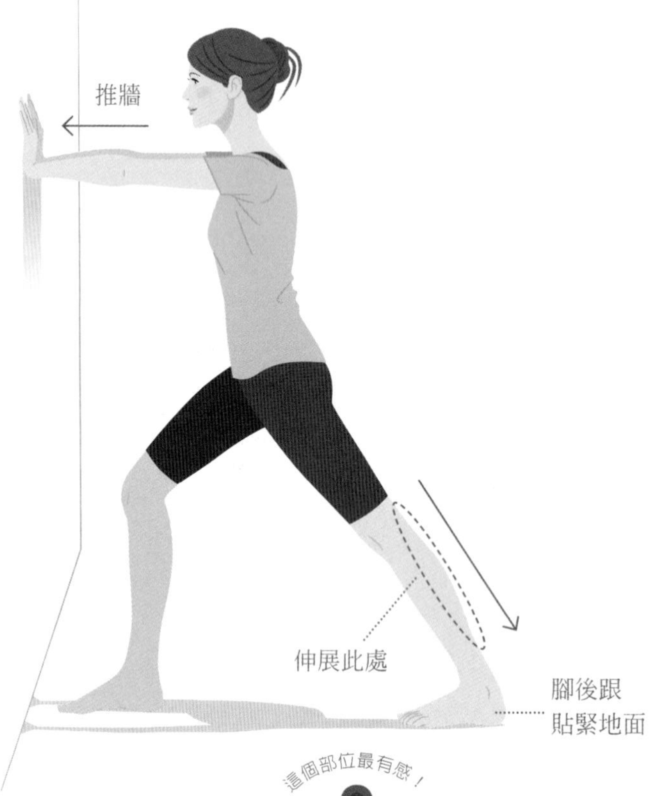

［ 小腿 ］

膝蓋後方到阿基里斯腱為止。在小腿表層有腓腸肌，下方則是比目魚肌。這兩個肌群組成了小腿。

Back

髖關節、大腿後側、膝蓋、小腿、腳後跟呈一直線，伸展小腿。

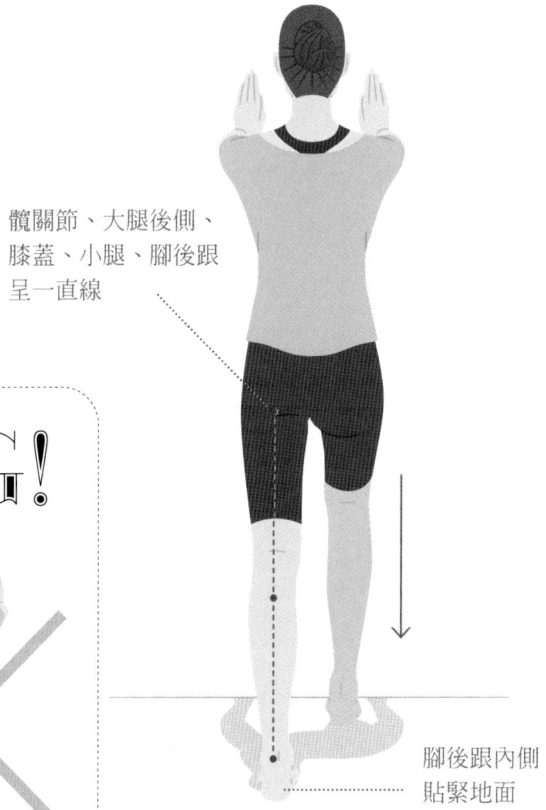
髖關節、大腿後側、膝蓋、小腿、腳後跟呈一直線
腳後跟內側貼緊地面

NG!

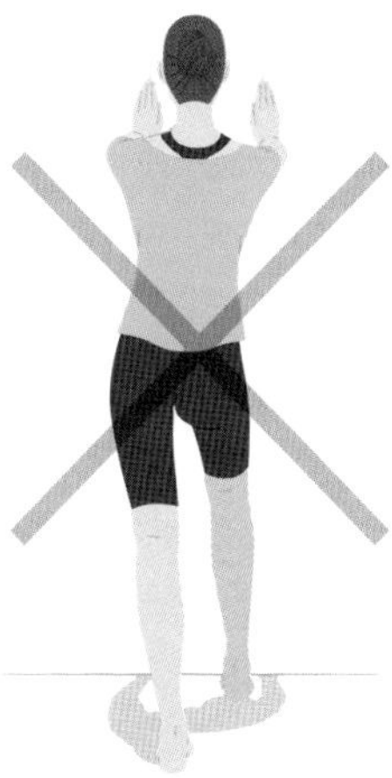

伸展小腿時，腰部也歪向一邊，這樣會無法完全伸展小腿。請注意保持身體筆直。

Point

舒緩使用過度的小腿肌肉，消除水腫與疲勞

踢著地面走路的方式，會變成以小腿來加速，增加其負擔，因此會產生水腫、疲勞感，請確實地伸展舒緩。

{小腿}塑體操

3 緊繃、硬梆梆脛前肌

Side

左腳往後踏一步，腳尖碰觸地面，伸展腳背和脛前肌，維持30～60秒。另一側也一樣。

[脛前肌]

就是提起腳趾的肌肉。如果這個部位僵硬，步行時就無法讓腳踝筆直，從膝蓋到腳尖會扭轉，無法走得很順暢。

Back

從後面看，腳脛、腳後跟、拇趾要呈一直線。

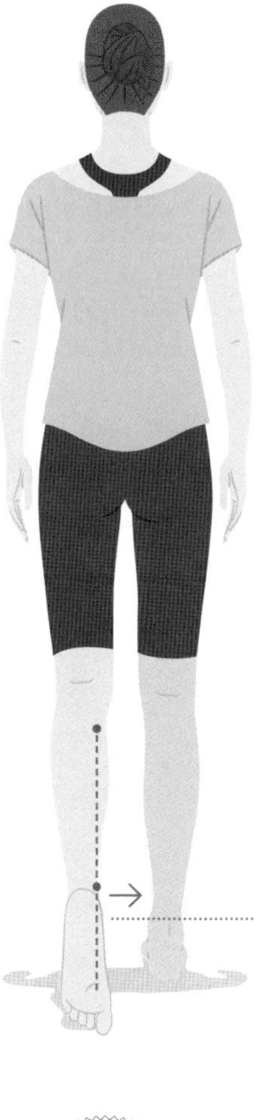
腳脛、腳後跟、
拇趾呈一直線
要有意識的將腳後跟
往內側傾斜

NG!

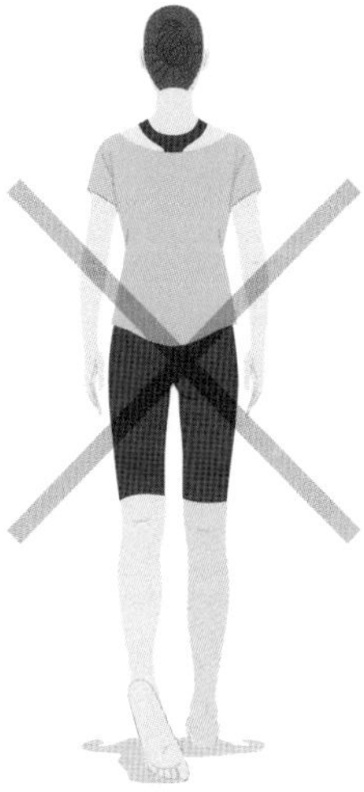

體重沒有落在拇趾根部，往小趾根部傾斜，走路時就會拖地。

Point

學會正確使用腳踝，讓腳脛獲得舒緩

腳踝保持筆直的狀態，伸展腳脛。前腳著地，後腳還未離地，就像走到一半的姿勢。

Chapter

03

不論何時、
不論何地！
各種場合的塑體操

ule Stretch

與其一次做很久，

森式美身塑體操更重視的是長時間不間斷地進行。

不要「偶一為之」，而是要每天持續。

就讓它自然融入生活中，變成一種習慣。

在本章節中，將介紹大家在通勤路上、在辦公室裡，

或是在外面都可以進行的美身塑體操，

以及在家裡的各個角落也能進行的美身塑體操。

推薦各位配合自己的生活型態，

尤其自己在意的部位更要多多動一動。

以「積少成多」的方式，

每天一點一點地以正確的方式伸展，

讓骨骼和關節回到正確的位置。

打造肌肉與脂肪都恰到好處的身體曲線。

通勤電車

樓梯

辦公室

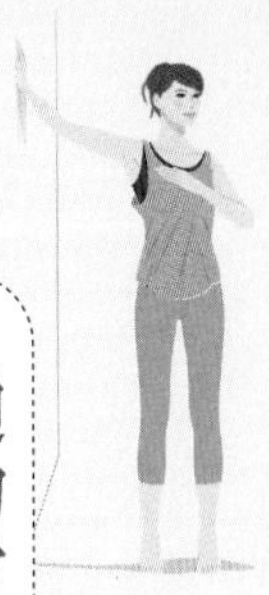

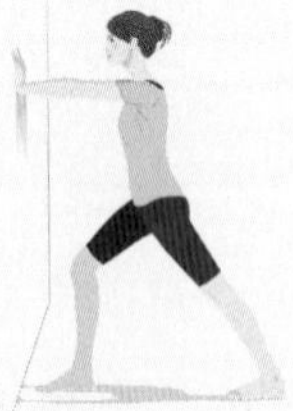

在外面也可以做的美身塑體操

除了平常上班日之外，外出購物也可以做塑體操。
不要浪費移動和休息時間，找個空檔，
隨時隨地都能「邊做美身塑體操」。
爲了養成習慣，外出時也要有意識地感覺到身體的一舉一動。

通勤時想穿適合
辦公室休閒風的
白色運動鞋！！

剛好利用時間
小小運動一下

能這樣想的話，
通勤時的做操動力
會大大的增加……

如果
運動鞋不適合
那就穿低跟鞋
露出腳背或穿平底鞋☆

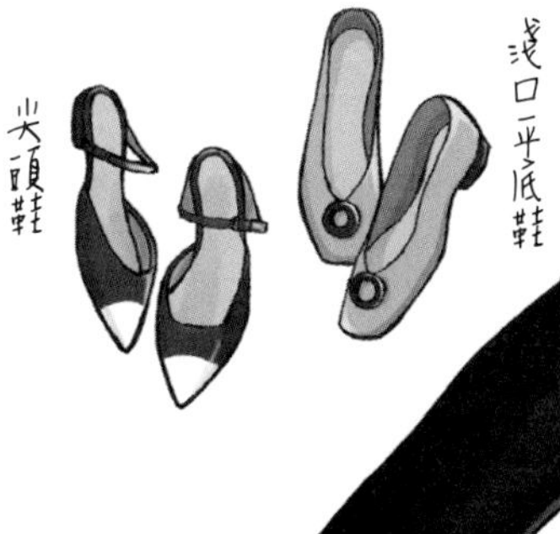

通勤電車

Train

隨時隨地美身塑體操

在電車或巴士上抓住扶手伸展背部的肌肉

搭乘電車或巴士等大眾運輸，在移動的同時也可以做塑體操。
若是把移動時間用來滑手機就太浪費了！
此外，長時間坐辦公桌，姿勢不良而僵硬的肌肉，也可利用扶手來伸展舒緩。
周圍的人根本不會發現你在做運動，非常推薦大家試試看。

背部塑體操①
→ P36, 37

Point

伸展因姿勢不良而緊繃的胸部肌肉

因沉迷於手機或是包包太重，肩膀向內扭轉而僵硬疼痛的胸部肌肉，只要伸展手臂根部即可舒緩。

搭乘電車或巴士時，站在扶手旁邊，右手輕輕握著扶手。手肘微彎，放在比肩膀高1個拳頭處。左手放在右胸上。吸氣，吐氣時身體稍微往另一側轉動，維持30～60秒。另一側也一樣。

樓梯

Stairs

利用樓梯的高低差伸展疲勞的小腿

在車站內移動常會使用手扶梯，那就改走樓梯吧。
爬樓梯時腳踝使勁往上提，或是穿高跟鞋，
以不穩定的姿勢行走，都會讓小腿變粗。
利用樓梯，在小腿伸展的同時消除緊繃與水腫。

小腿塑體操②
→ P98, 99

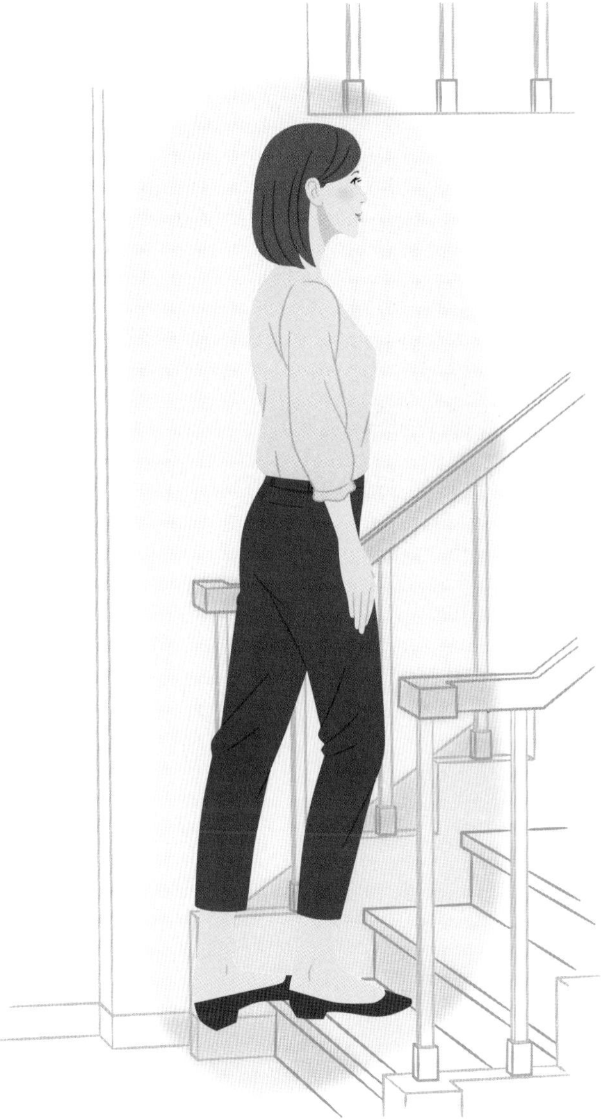

Point

腳踝打直，好好伸展使用過度的小腿

利用階梯的高低差，可以很輕鬆的伸展小腿。伸展的那一腳，要有意識地讓腳踝垂直向前。

單腳站上階梯，另一腳腳後跟懸空拉伸小腿，維持30～60秒。後腳的髖關節、後側大腿、膝蓋、小腿和腳後跟要呈一直線。

辦公室

Office

隨時隨地美身塑體操

多利用要離開座位前一刻
或午休的時間做操，
以改善大腿後側血液循環！

長時間辦公久坐，其實也是造成大腿粗壯的原因。體重壓迫大腿後側，血液循環變差，導致代謝不良，容易囤積脂肪。多多利用起身離開座位前或是午休的時間，好好地伸展大腿後側，可以幫助血液循環喔。

大腿塑體操②
→ P88, 89

Point

好好伸展血液循環不良、新陳代謝變差的大腿後側

利用辦公室空檔時間好好拉伸大腿後側。想像伸直的那條腿，要將髖關節壓進骨盆裡面，這樣之後走路也會比較順暢。

坐在椅子上，右膝打直。右手放在右膝上，從髖關節處上半身往前倒，拉伸大腿內側，維持30～60秒。另一側也一樣。

客廳

廚房

浴室

床上

在家裡也可以做的美身塑體操

換衣服、鋪上瑜伽墊……這麼專心投入地做美身塑體操當然很好，但更重要的是加強熟悉隨時隨地做操的要訣，這樣會更快養成習慣。在家裡的各個角落，或是在做家事、看電視的時候，都可以邊操作看看。

家居穿著的
寬鬆的上衣 × 花色內搭褲
基本款

方便做塑體操，
看起來也很可愛

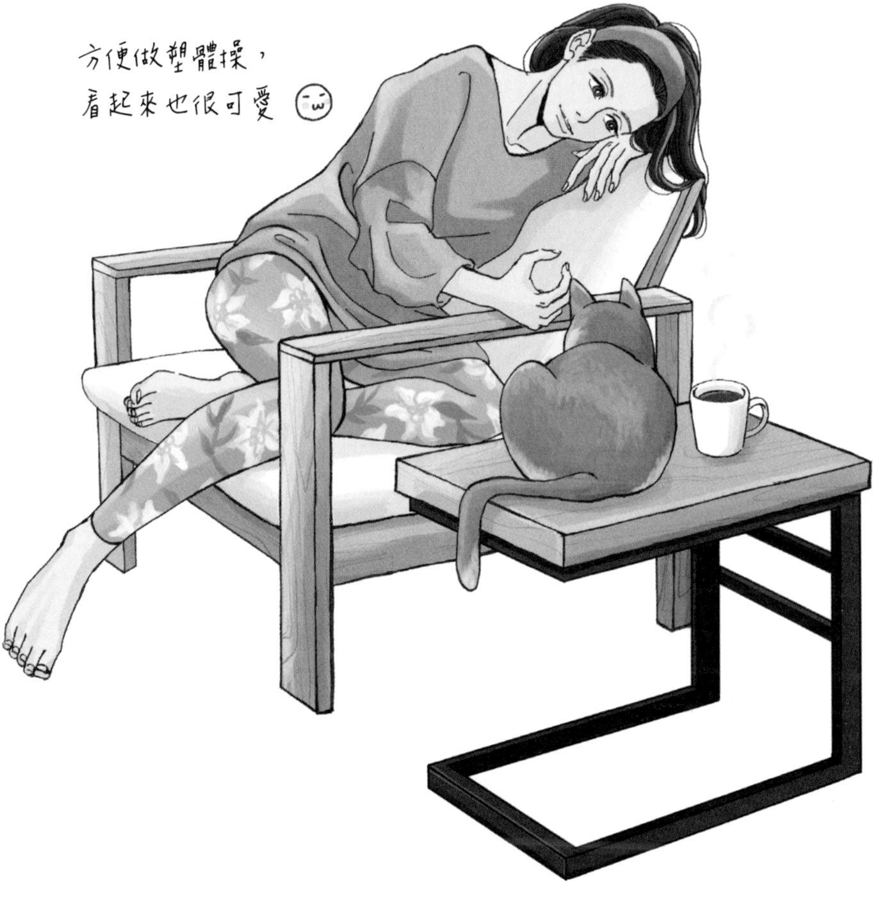

客廳

Living

就坐的同時拉伸臀部，矯正髖關節

繁忙家務時久站、辦公時久坐，
長時間維持同樣的姿勢，髖關節的動作就會變得不靈活。
在越來越少使用臀部肌肉的生活中，也過分強化了自己的身體習慣。
在做家事的空檔，或是用餐後，坐在椅子上就可以伸展臀部深處的肌肉。

臀部塑體操①
→ P76, 77

Point

髖關節向外扭轉，伸展臀部深處

髖關節向外扭轉，伸展與之連動的臀部深處肌肉。平常髖關節內旋的人，藉此會更容易讓關節回到正確的位置上。

坐在椅子上，右腳放在左膝上，腰部不要拱起地讓骨盆立起。雙手放在右腳上，身體稍微往前傾，利用身體的重量讓髖關節往外擴張，維持30～60秒。另一側也一樣。

廚房

Kitchen

隨時隨地美身塑體操

做家事時或零碎時間，勤做伸展變小臉

臉部的塑體操不需要動手，只要動動嘴巴周圍即可，所以做家事時或是空檔時間都可以輕鬆進行。一邊擦盤子、一邊等烤肉，或是保養皮膚前後等，一天可以進行好幾次，就能擁有俐落的臉部線條囉。

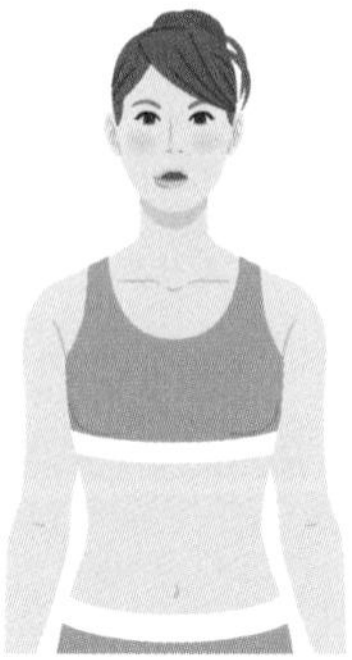

臉部塑體操②

→ P58, 59

1

下巴左右移動10次。每次都要感受到關節有動作。

2

下巴向前凸出，然後再回到原位，前後重複10次。與1相同，要感受到關節動作。

3

維持在2運動下巴向前凸出的狀態，然後嘴巴打開維持3秒。

Point

伸展臉頰內側的肌肉，嘴巴開闔更順暢

臉頰內側的肌肉因為咀嚼次數或說話機會減少，而變得不靈活。藉由伸展運動，能促進臉部血液及淋巴的循環，消除水腫。

浴室

Bath room

隨時隨地美身塑體操

利用終結一整天疲勞的沐浴時間，同步調整姿勢讓肩膀回復正確位置！

洗澡時間能療癒一整天的疲勞，浴室是能讓身心靈都煥然一新的地方。肌肉暖和了，最適合伸展。

這才發現一整天下來，都是聳肩駝背，感覺肩膀到背部又重又硬，這時候將肩關節向外扭轉伸展再好不過了。

手臂塑體操①
→ P46, 47

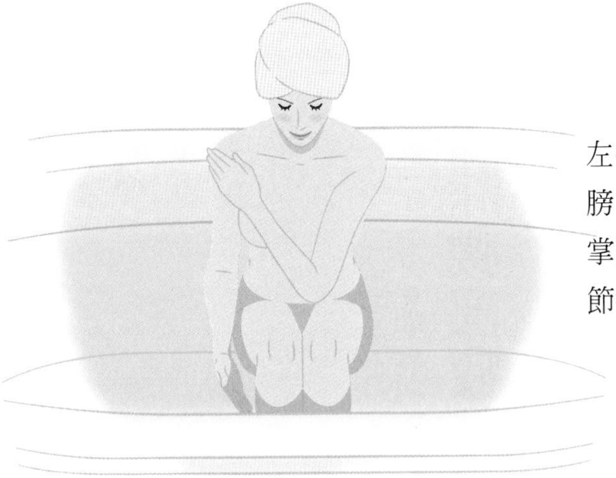

1

左手從旁邊抓住右肩膀。右手肘微彎，手掌貼著身體，讓肩關節往內扭轉。

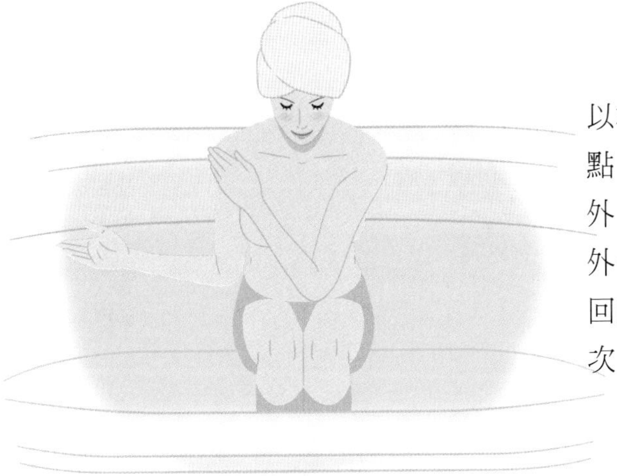

2

以右肩和右手肘爲支點，肩關節一邊向外扭轉，拇指朝向外側，維持2秒後再回到步驟1，重複10次。另一側也一樣。

Point

把前拱的肩關節往後挪

用手背滑過浴缸水面來運動肩關節。手臂要靠緊身體，感受到肩關節喀啦喀啦運動才正確。

床上

Bed

隨時隨地美身塑體操

當一天結束時，可躺在床上消除腰部疲勞，順便雕塑腰身！

姿勢不良造成脊椎壓迫，鬆垮的肉堆積在腰間。
而骨盆前傾的姿勢，也讓腰部肌肉硬梆梆。
一整天持續支撐身體重量負擔很大，腰部容易緊繃，
利用美身塑體操鬆筋活骨後再入睡，
隔天一定更舒暢，也更容易顯現腰身曲線。

腹部塑體操①
→ P66, 67

Point

扭轉腰部，拉伸僵硬的肌肉

扭轉腰部的動作，能確實伸展從腰到背因收縮而鬆弛的肌肉。注意左膝不要浮起。如果會腰痛的話，就不要勉強拉伸。

仰躺在床上，左膝90度彎曲跨在右腳上，並用右手壓住。左手向側邊伸展，肩膀要貼近床鋪，腰部伸展時邊做深呼吸，維持30～60秒。另一側也一樣。

想要多知道一點！

森式美身塑體操 Q&A

Q 做仰臥起坐，腹部不會平坦嗎？

A 非常遺憾，仰臥起坐不會讓腹部平坦。熱量控制是絕對必要的。

凸出的大肚腩，其實就是內臟脂肪、皮下脂肪等體脂肪，或是內臟下垂。體脂肪是因為攝取的熱量比消耗的來得多，沒有被活動消耗掉的能量，就積累在脂肪細胞中。想要減少脂肪，就要讓消耗的熱量高於攝取，進行低熱量飲食管理。而內臟下垂是姿勢不良或支撐的肌力不足所造成，一般而言靠仰臥起坐無法消除。仰臥起坐的效果，是讓肌肉發達，突顯出來。肌肉上的脂肪是另一種組織，所以仰臥起坐無法減少體脂肪。

Q 如何改善下腹部凸出？

A 坐下、站立都能正確使用腹部肌肉，就可改善。

腹部凸出的人，相較於體重問題，內臟下垂的可能性比較大。內臟下垂是因為支撐內臟的肌肉力量沒有正確的被使用，造成肌力不足。如果站立、坐下時骨盆都在正確的位置上，就能解決此一煩惱。站立的時候，以拇指和中指圍成一個三角形，中指朝恥骨的方向放在下腹部，此時手指所圍成的三角形和地板呈垂直狀態，就是理想的骨盆位置。為此要想像從恥骨到劍突一路伸展，不是收小腹而是往上拉提。坐下的時候，要像是用大腿根部去坐一樣，腹部要往上提。與其鍛鍊腹肌，維持姿勢使用腹肌比較能消除下腹凸出。

爲了更接近理想的身體曲線，除了塑體操之外，還想要了解更多。接下來就以Q&A的方式呈現有關雕塑身體的基本問題。

Q 想知道提升胸部的方法。

A 改善肋骨外翻、脖子前傾，就可以將胸部往上拉提。

隨著年齡而下垂的胸部，是有可能往上拉提的。重點在於肋骨收合以及保持頸部的正常彎度。肋骨下半部擴張，就會讓下胸圍變大，上胸圍也會跟著外擴。另外，姿勢不良造成脖子前傾超過肩膀，導致上半身往前傾，那麼上胸圍自然也會跟著往下。肋骨收合可參考P68的腹部塑體操②，脖子前傾則是P60的臉部塑體操③最有效。順道一提，對於因簡訊頸而造成的肩膀不靈活、肩頸僵硬的人，這個美身塑體操也很有幫助。

Q 身體很硬，沒辦法做塑體操。

A 光是按摩僵硬的部位，也能讓動作變得比較靈活。

筋骨很僵硬，想要伸展，但那個部位的肌肉卻突然抽筋，或是無法做出正確的伸展姿勢，遇到這種狀況絕對不要勉強。肌肉溫熱之後會變得較為柔軟，所以建議洗澡後再來做塑體操。或是按摩僵硬的關節或肌肉，光是捏一捏也可以。淋巴液和血液循環變好，肌肉放鬆，動作也會變得靈活。而覆蓋在肌肉上方的筋膜如果變得滑順，肌肉也會更好運動。勉強去拉伸僵硬的部位，或是用滾輪去輾壓，都會傷到肌肉。

Q 雕塑最佳身體曲線的飲食指導原則是什麼？

A 掌握熱量的攝取與消耗，以及蛋白質、脂質、醣類的攝取比例。

如果同時想雕塑身體曲線和做體重管理，掌握一天的熱量收支就非常重要。想要減輕體重，消耗的熱量就要比攝取的來得多。但是因為光靠飲食控制很難達到目標，要搭配基礎的活動量，一天至少要走7000步。不只是熱量，更進一步要把焦點放在蛋白質、脂質、醣類三大營養素的攝取比例，逐漸減少體脂肪，打造不會代謝不良的身體，方能養成易瘦體質。

❶1天攝取熱量標準：理想體重×（30～35）

如果理想體重是48kg，那每天攝取熱量的標準就是1440～1680大卡。早餐300～400大卡、午晚餐各500～700大卡。攝取的熱量並不是越低越好，若是低於基礎代謝所需的1200大卡以下，肌肉量會隨著體重一起減少，新陳代謝變差，就更容易復胖了。

❷均衡攝取蛋白質、脂質、碳水化合物

一天的飲食內容目標為蛋白質15～20%、脂質20～25%、醣類50～60%。不吃醣類的話，即使有吃蛋白質，還是會讓代謝紊亂無法轉換成能量。而為了補充蛋白質攝取量而喝高蛋白飲品，則會造成蛋白質過剩，更容易引發代謝不良，要特別留意。

肌肉量多少算標準？

以體脂肪率和BMI皆爲20的除脂肪體重爲準。

以身高和代表肥胖指數的BMI（體重kg÷（身高m）^{2}），和體脂肪率20%的除脂肪體重來計算看看。例如身高160cm、BMI 20的人，體重就是1.6×1.6×20＝51.2kg。以體脂肪率20%來說，體脂肪量為10.2kg，除去體脂肪體重為51.2kg－10.2kg＝41kg。如果體重是53kg，體脂肪率26%，除脂肪體重為39.2kg。靠控制飲食來降低體重，若是沒有充分攝取營養，就會造成肌肉（除脂肪體重）流失，因此增加除脂肪體重比較能降低體脂肪率。

雕塑身體曲線的美身塑體操要做多久？

對於你在意的部位，做到不會覺得不舒服爲止。

剛開始的階段是每天進行，持續兩個禮拜，讓大腦記住動作及關節正確的位置。但是平常生活中姿勢不良又會故態復萌，所以最終的目標是在無意識下也能維持正確的姿勢。經年累月姿勢不良，矯正不可能立即見效。重要的是要能巧妙地融入生活中，有毅力的持之以恆。並不是一天做很多次就能快快達到理想的體態，多的話早晚各一次即可。過度伸展也會傷到肌肉，要特別注意。

Epilogue

先思考目的再去做，較容易獲得你想要的

一直以來，我以私人教練的身分，指導很多人進行減重，幫助他們改善飲食及鍛鍊身體提升肌耐力。恐怕幾乎所有人對私人教練的印象，都是停留在減重指導的範疇。

尤其我有很多女性客戶，常常聽到她們說：「我不要變成金剛芭比。」「以前只要一做健身，馬上就變成虎背熊腰，好可怕。」聽到這種話，很多教練都會回答：「女性能促使肌肉生長的荷爾蒙比男性少，沒那麼容易就練成筋肉人。」但真的是如此嗎？

女性比男性難長肌肉的確是事實，不過實際上只要訓練就會有效果。但是女性只要肩膀或大腿的肌肉稍微膨脹一點，馬上就覺得自己變「壯」。只是這樣的一點點變化，在穿衣服的時候也會顯現出來，原本是想要變得纖細，結果竟然是讓不想變大的肌肉長壯，這才是秘而不宣的真相吧。

我並沒有要否定健身。我想要傳達的是，「重點是先去思考目的，然後再去做該做的事」。這次的出版宗旨是聚焦在「雕塑身體曲線」，所以向大家介紹了身體負擔微小的美身塑體操。老實說塑體操不會消耗熱量，也不會增加肌肉或提升代謝。以瘦身的角度來看，感覺沒什麼效率。

但是，對於女性非常在意的身體曲線，背部的輪廓、腰身、筆直沒有水腫的雙腿等，這些都可以透過美身塑體操來改善。想要減脂必須改善飲食，要增肌、翹臀最重要的是健身。只要能正確地做出動作，健身也可以達到改善姿勢的效果，但是一般人比較難達到。

健身不只是較難正確操作，不少人也會覺得入門門檻較高。而美體塑體操的目標，就是讓大多數的人都可以「隨時隨地」輕鬆進行。光靠塑體操就可以讓身體產生劇烈的變化。如此效果卓著的美身塑體操，希望大家都能融入日常生活中進行。

森拓郎

國家圖書館出版品預行編目資料

30歲起輕鬆練！穿衣好看免修圖塑體操／森拓郎 作；張佳雯 譯．
-- 初版 -- 臺北市：如何，2021.05
128面；14.8×20.8公分 --（Happy Body；188）
ISBN 978-986-136-581-7（平裝）

1. 塑身　2. 減重　3. 健身操

425.2　　110004235

Eurasian Publishing Group
圓神出版事業機構
用心與你對話・視野無限寬廣
如何出版社
Solutions Publishing

www.booklife.com.tw　　reader@mail.eurasian.com.tw

Happy Body 188

30歲起輕鬆練！穿衣好看免修圖塑體操

作　　者／森拓郎
譯　　者／張佳雯
發 行 人／簡志忠
出 版 者／如何出版社有限公司
地　　址／臺北市南京東路四段50號6樓之1
電　　話／（02）2579-6600・2579-8800・2570-3939
傳　　真／（02）2579-0338・2577-3220・2570-3636
總 編 輯／陳秋月
主　　編／柳怡如
責任編輯／張雅慧
校　　對／張雅慧・柳怡如
美術編輯／金益健
行銷企畫／陳禹伶・鄭曉薇
印務統籌／劉鳳剛・高榮祥
監　　印／高榮祥
排　　版／杜易蓉
經 銷 商／叩應股份有限公司
郵撥帳號／18707239
法律顧問／圓神出版事業機構法律顧問　蕭雄淋律師
印　　刷／龍岡數位文化股份有限公司
2021年5月　初版

定價310元　　ISBN 978-986-136-581-7　　Printed in Taiwan